闪耀世界的
中国奇迹

王　麟　编著

山西出版传媒集团　山西教育出版社

图书在版编目（C I P）数据

闪耀世界的中国奇迹／王麟编著．— 太原 ：山西教育出版社，2018.3（2018.10重印）
ISBN 978-7-5440-8726-1

Ⅰ．①闪… Ⅱ．①王… Ⅲ．①科技成果—中国—现代—青少年读物 Ⅳ．①N1-120.1

中国版本图书馆CIP数据核字（2018）第048656号

闪耀世界的中国奇迹
SHANYAO SHIJIE DE ZHONGGUO QIJI

出版人	雷俊林
策划	彭琼梅
责任编辑	韩德平
复审	冉红平
终审	彭琼梅
装帧设计	崔文娟
印装监制	蔡 洁

出版发行	山西出版传媒集团·山西教育出版社 （太原市水西门街馒头巷7号 电话：0351-4729801 邮编：030002）
印装	山西三联印刷厂
开本	720 mm × 1020 mm 1/16
印张	9.5
字数	152千字
版次	2018年3月第1版 2018年10月山西第3次印刷
印数	21 001—26 000册
书号	ISBN 978-7-5440-8726-1
定价	25.00元

前 言

当我们漫步城市的街头，或者驻足空旷的原野，看不见的信息洪流在身边奔涌，连通每一座城镇，跨越每一个乡村。五彩缤纷的大千世界凝聚于掌心，小小寰球被塞进口袋，遥远的时空被打破，天涯变成近邻。即使朋友不在身边，也能随时沟通联系；地球每个角落发生的新鲜事，都能以最快的速度传遍世界。越来越智能化的通信手段，越来越畅快的移动互联，带给我们更丰富、更便捷的生命体验。更有“墨子号”卫星在重写科技神话，构建不可破译的通信之网。这是科学在创造奇迹，这是科技在改变生活。

少年的心灵像星空一般纯净，夜晚的星光就是凝视你的眼睛，在百亿年的浩渺宇宙，发生了多少惊天动地的故事。仰望苍穹，追寻过往，跨上电波，一路远行。穿过尘埃星云，乘坐时间之舟，像“天眼”一样敞开怀抱，接收来自亿万光年之外的问候。“悟空”在搜寻暗物质，“慧眼”揭开黑洞真容，中子星跳着圆形舞蹈，脉冲星化身宇宙灯塔，在漫长的岁月里指引太空旅行。脚下是坚实的大地，头顶是湛蓝的天空，走进神奇瑰丽的天文世界，你就是那颗最闪亮的未来之星！

气候风云变幻，天气时阴时晴，纽约一只蝴蝶扇动翅膀，就会化作一场风暴袭击东京。旱涝总是层出不穷，灾难时常如影随形，渴望掌控大自然，科学家们为之奋斗终生。如何摸清天气的坏脾性，如何让大气中的二氧化碳现出原形，如何为地球进行体检，如何预测暴雪飓风，只有运用高科技才能驯服桀骜不驯的自然，为我们创造更加舒适美好的明天。“风云四号”气象卫星监视着大气变化，碳卫星在兢兢业业地巡察着天空。感谢科学创造的奇迹，感谢科技让我们受益无穷。

天空映衬着碧水，大海是神话中的“龙宫”，数不清的宝藏埋在海底，只有“蛟龙”才能一窥究竟。七千米的工作深度打破了世界纪录，让欧美的先行者们惊诧莫名。科技的力量是如此强大，地球再也没有禁区能阻挡我们前行。还有那高耸入云的“蓝鲸2号”钻井平台，是货真价实的海上雄鹰，可以在超过三千米的深水中钻探石油，让源源不断的“黑金”为我们的幸福之路充能。

突然有一天，还是科幻小说中的机器人走进了千家万户，仿佛一夜之间，人工智能就风起云涌。会深度学习的神经网络芯片已经在华为手机中安家落户，并以传说中的神兽“麒麟”命名。中国科学院计算技术研究所的“寒武纪”芯片独领风骚，人工智能技术连续让世人震惊，一骑绝尘的潇洒背后，是跋涉多年的风雨兼程。在超算领域，我们也有引以为豪的大型计算机，从每秒百万次的运算能力，发展到如今10亿亿次的运算巅峰。从“银河”“天河”到“神威·太湖之光”，聪明的头脑化作无穷的力量，让中国在国际舞台上吐气扬名。

生活离不开交通，无论是公路还是铁路，无论是空中客车还是海中船舶。空地一体化的交通网络，将全国各地衔接，不断创造着运输奇迹，不断改写着速度巅峰。两万五千千米的高铁网络，中国自主研制的“复兴号”动车，无不彰显着大国制造的霸气，激荡着舍我其谁的豪情。C919大飞机已经飞向天空，十几万人的集体智慧成就了它的美名。这是一个创造奇迹的时代，让中华民族屹立在世界之林。

加油吧！愿每一位少年都能争先恐后，在未来的科学之路上留下自己的足迹和心声。

目录

通信·信息篇 /53

海洋·材料篇 /85

航空·交通篇 /113

天文 · 宇宙篇

星空浩渺，宇宙洪荒，极目之外，是百亿年的时空，人类蜗居在一颗孤独悬空的蓝色星球上，被禁锢在一个狭窄的球形区域内，繁衍生息，代代相传，虽然暂时无法脱离地球，却依旧生机盎然，充满了探索宇宙奥秘的好奇心和创造力。从古至今，那些对宇宙深空充满遐思的人们，从来没有放弃过窥探星海的梦想。从少年张衡夜眺星空，到世界上首台望远镜的发明；从第一颗人造卫星上天，到“旅行者号”探测器的发射；从苏联宇航员加加林首次太空行走，到人类在月球上留下足迹，这些伟大的科学家们前赴后继，将人类的视野从地球扩展到天空，从天空拓展到太阳系，再从太阳系向更加遥远的宇宙空间延伸，一直到达时间开始的地方。

从16世纪现代科学兴起，到21世纪的今天，天文学经历了五次巨大的飞跃，完成了华丽的转身。第一次飞跃发生在17世纪，那时候，被誉为现代科学的奠基人——意大利物理学家、天文学家伽利略第一次将自制的望远镜指向星空，这台望远镜虽然直径只有4.2厘米，仅仅能够放大33倍，却具有划时代的意义。借助这台望远镜，他首次观察到了月球的环形山和木星的卫星。从此，人类对太空的探索迈出了至关重要的一步——从肉眼眺望星空，过渡到了借助仪器获取更遥远的宇宙的信息。

天文学的第二次飞跃发生在1931年，这一年，美国贝尔实验室的研究人员KG·杨斯基发现了来自银河系的射电辐射（一种辐射类型），开启了通过射电研究宇宙天体的新纪元。第三次飞跃以20世纪60年代发现太阳系外的X射线源为标志，后来通过发射X射线卫星，人类第一次有能力在大气层之外观察宇宙。

1987年，美国科学家戴维斯和日本科学家小柴昌俊同时观测到了大麦哲伦星云的某颗超新星爆发的中微子信号，实现了天文学的第四次飞跃。从此，我们就可以利用电磁波以外的信号探测宇宙了。

第五次飞跃更加振奋人心，甚至超出了很多人的想象。2016年2月，美国激光干涉重力波天文台（LIGO）宣布观测到了引力波，开启了潜力无限的“引力波天文学”的新时代。

与世界各国相比，至少在欧洲文艺复兴之前，我国的天文学成就一直位居世界前列。从战国到明代，先后诞生了甘德、石申、张衡、祖冲之、张遂、郭守敬等著名的天文学家，他们前赴后继，不断探索和创新，用聪明才智奠基了东方古典天文学在世界上的地位。只不过到了近代，由于清朝闭关锁国、故步自封，再加上北洋军阀时期和民国时期战争不断，根本无暇发展科技，这才被西方现代科学所超越。而如今，我国的科学家们筚路蓝缕、艰难跋涉几十年，使我国的天文学后来居上，在多个领域都已经超过了欧美国家，比如“悟空”暗物质粒子探测卫星、“天宫二号”空间实验室、“慧眼”硬X射线调制望远镜和“天眼”望远镜。这些天文学界取得的伟大成就，每一个都凝聚着科研人员的无数心血，每一个都让我们骄傲自豪，每一个都带给我们无穷震撼。

在本篇中，我们要向读者介绍三项天文学领域的科研利器，分别是“悟空”暗物质粒子探测卫星、“慧眼”硬X射线调制望远镜，以及全世界最大单口径的球面射电望远镜“天眼”。现在，让我们共同走进这些卫星和望远镜背后的世界，经历它们诞生的过程，探究它们隐藏的秘密，了解它们强大的功能，为我国科学家们的聪明才智而欢呼，为我国科技取得的巨大进步而自豪！

“悟空”：探测暗物质的利器

20世纪30年代初，第二次世界大战前夕，如果走进美国加州理工学院，你会看到翠绿的草坪沿着林荫道一侧向前延伸，一直到古色古香的教学楼前，给安静美丽的校园增添了一丝生机。在这里，有一位名叫弗里兹·扎维奇（Fritz Zwicky）的科学怪才，做出了一项重大的科学预言。此人是瑞典天文学家，聪明绝顶，才华横溢，但是性格简单粗暴，每次讨论问题都咄咄逼人，甚至气势汹汹，臭脾气差到连他最好的朋友都不能容忍。

不过，瑕不掩瑜，弗里兹·扎维奇虽然不好相处，但是在科学上的洞察力让人叹服。有一天，他在计算由数千个星系组成的Coma星系团的时候，发现了一个秘密，那就是可观察到的物质总量根本不能产生足够的引力让星系团聚在一起，这说明还有一种看不见、摸不着的力量，在其中起着更大的作用，使它产生了足够的引力，让星系能够抗衡因为自身旋转而产生的离心力。因此，他在1933年提出了“暗物质”假说，认为是这种东西在从中使劲，才让庞大的星系团不会因为快速旋转而分崩离析。由于这个预言太过惊世骇俗，以至于在几十年间，科学界对此都置之不理，甚至嗤之以鼻。

神秘莫测的暗物质和暗能量

如今，随着现代物理学的发展，科学家们已经确认，在我们所在的宇宙之中，暗物质约占据了物质总量的23%，普通可见物质约占4%，其余73%是暗能量。弗里兹·扎维奇在80多年前做出的预言，如今已经成了科学界的共识。并且，科学家们还更进一步，要用先进的科学利器，捕捉到暗物质的真身，将它隐藏的真面目揭示给世人。如果真能抓住这种无处不在而又悄无声息的暗物质，那可是一件了不起的大事。

看到这里，也许有人会追问，暗物质到底是何方神圣？我们用肉眼看不见也就罢了，为何通过普通的天文望远镜也看不到呢？这是因为，暗物质之所以被冠以“暗”之名，就是因为天文学家迄今为止还没有发现这种物质发射出的光子。既然不能发射光子，则暗物质粒子几乎不直接参与电磁相互作用，对于外界的观察者而言就是看不见的。从专业的角度来解释就是，光子是传递电磁力的中间媒介，那些带电粒子依赖光子传递电磁力，只有带电粒子或带电物质才能够感受到电磁力，它们发射出的光子才能被人眼或者探测装置捕捉到。而暗物质不带电荷，也不发射光子，更对普通粒子不产生任何影响，这种神秘诡异的特性，仿佛就像隐形人，让人很难直接捕捉到它的踪影。

给个探测暗物质的理由

暗物质的真身至今未见，科学家们只能通过观测星系变化的引力效应，间接寻找其存在的证据。世界上很多国家都在大力发展暗物质探测技术，以期能够在前端科技发展中占据先机。暗物质到底对我们有哪些好处？能够带来哪些惊喜呢？科学家们给出的解释是，暗物质是宇宙大爆炸的产物，在宇宙演化中起着决定性作用，也决定着未来宇宙的命运。了解暗物质的性质，对于我们理解宇宙中星系、星系团等是如何形成的具有重要的意义。

而著名的诺贝尔物理学奖获得者李政道教授则认为，暗物质在现代物理学中的地位，与19世纪末20世纪初诞生的相对论和量子力学一样重要，现代物理学要获得新突破，暗物质便是一个关键突破口。可以说，揭开暗物质之谜将是继日心说、万有引力定律、相对论及量子力学之后，人们认识自然规律的又一次重大飞跃；将带来物理学的又一次革命，实现基础科学领域的重大突破。

除了上述站位很高的理由之外，探测暗物质就像发展航天及探月工程一样，在国家战略层面有着更为深远的意义。发展暗物质探测技术的过程，会促进我国科技的发展和进步，带来很多有价值的科技副产品，更好地改善我们的生活。另外，探测暗物质也是国家争夺太空发展权的重要手段之一，只有在技术上不落后于欧美发达国家，我们才能不受制于人，并掌握主动权和话语权。

为了捕捉暗物质妙招迭出

既然暗物质看不见也摸不着，我们该如何追踪捕捉它们的踪迹呢？这可难不倒神通广大的科学家，他们根据暗物质的几大特性，就想出了针对性的措施。那么，暗物质都有哪些特性呢？最重要的特性有四个：一是电中性，也就是说暗物质不带电；二是质量大，暗物质粒子的质量要比质子大得多；三是寿命长，暗物质的寿命可以远超宇宙138亿年的年龄；四是速度快，据科学家测算，暗物质粒子每秒的运动速度为220千米，是56式半自动步枪子弹出膛速度的300倍，很难被仪器捕抓。

另外，科学家判断，暗物质粒子之间虽然没有电磁作用和强相互作用，但是可能存在弱相互作用。如果科学家研制出一台精密的探测仪器，就可以对症下药，有希望利用弱相互作用捕捉到暗物质的蛛丝马迹。

那么，我们该如何下手捕抓这些神出鬼没的暗物质粒子呢？有三种探测方法也许能达到目的，分别是直接探测、间接探测和对撞机探测。直接探测暗物质的技术原理，就是在地下直接探测暗物质粒子与核子（构成原子核的粒子）碰撞产生的微弱信号，把暗物质粒子碰撞核子的能量转变成光信号、电信号、热信号，通过光、电和温度的变化来探测暗物质粒子存在的证据。这种直接探测手段需要将实验室放到很深的地下，用来屏蔽大气中带电粒子的影响，实验室越深，屏蔽效果就越好。我国的暗物质地下探测实验室位于四川锦屏山中，其深度就达到了2.4千米。

另一种探测手段是通过对撞机实现的。具体而言，就是通过加速器让高能粒子高速碰撞，将暗物质“创造”出来。这种人为“创造”出来的暗物质粒子虽然不能被直接观察到，但从丢失的能量和分布就可以推测它的某些性质。

目前，世界上最大的粒子加速器位于瑞士和法国边境，包括两个实验装置，耗资20亿美元（美元是国际通行货币，1美元大约可折合人民币6~8元），已经探测暗物质粒子长达六年时间，至今没有发现它们的踪影。利用对撞机探测暗物质粒子十分昂贵，只有少数国家能够承担得起。但是，无论是地下直接探测，还是借助对撞机探测，都是一种“守株待兔”式的被动探测方式，需要

▲ 位于瑞士和法国边境的欧洲核子研究中心所在地区鸟瞰图，图中3个环清晰可见，最小的那个（位于右下方）是质子同步加速器所在位置，中间的环是超级质子加速器（周长7千米），最大的环即为强子对撞机，由一个27千米长的超导磁体环组成，环上有许多加速结构，以提高粒子的能量

等暗物质粒子乖乖送上门来才行。也就是说，地球上的暗物质探测实验要仰仗暗物质粒子跟普通粒子产生一些相互作用，实验才可能有成效。如果暗物质粒子根本就不与普通粒子产生任何作用，这种直接探测实验就失灵了。

既然等暗物质送上门来不知道何年何月才能实现，纯属撞大运，那么我们不妨换个思路来寻找解决办法。既然暗物质粒子无处不在，我们可以通过发射暗物质粒子探测卫星到太空，去寻找暗物质粒子在宇宙中发出的信号，从而间接探测到这种神秘粒子，这就是暗物质粒子的间接探测实验。目前，国际上正在使用的空间科学探测卫星有费米大天区望远镜（Fermi-LAT）、阿尔法磁谱仪2（AMS-02）、电子对望远镜（CALET），还有我国的暗物质粒子探测卫星“悟空”。

▲ AMS-02

中国“悟空”横空出世

在《西游记》中，孙悟空有一双火眼金睛，能够分辨出伪装成普通人的妖魔鬼怪，能够发现别人看不见的隐秘信息。悟空火眼金睛的这种能力，与我国发射的暗物质粒子探测卫星的特性非常相似，所以这颗卫星起名“悟空”，也就不难理解了。

在介绍“悟空”暗物质粒子探测卫星之前，我们必须先了解一下卫星探测暗物质粒子的原理，才能更好地理解它们所肩负的使命。前面我们已经介绍了什么是暗物质以及暗物质的特性，现在不妨继续追问，卫星是基于什么原理才能在太空中发现暗物质粒子的踪迹呢？原来，“悟空”是基于暗物质粒子湮灭或衰变的假设而工作的，即暗物质粒子的湮灭或衰变可以产生各种正反粒子，这些粒子在太空中传播就成了宇宙射线的一部分，“悟空”便通过收集高能宇宙射线粒子，来寻找暗物质存在的证据。

那么，为何非要发射卫星到太空中探测暗物质呢？在地面上不行吗？答案是，在地面上的探测效果不好。这一切，都与保护我们不受伤害的大气层有关。由于地球引力的作用，几乎全部的大气都集中在离地面100千米高度的范围内，其中75%的大气又集中在离地面12千米高度的对流层范围内。当科学家们在地球表面进行天文学研究时，由于地球大气层电磁辐射的干扰和过滤，会使试验结果受到影响。如果将望远镜放到太空里，远离大气层，便可以不受大

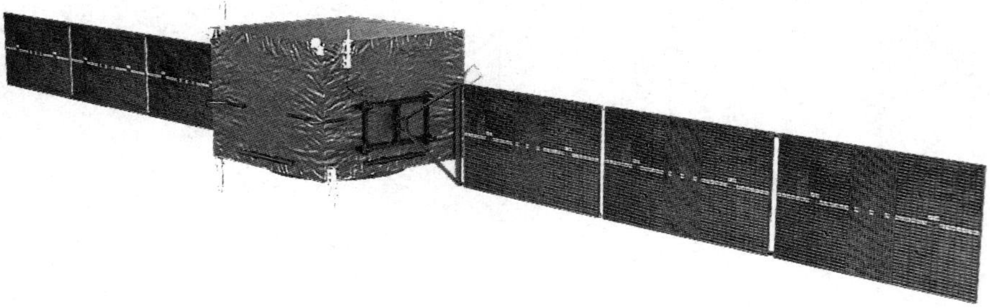

▲ “悟空”假想图

气层及地表人类生产、生活产生的各种光、电信号的干扰，从而得到更精确的天文观测数据。

2015年12月17日8时12分，我国四颗空间科学卫星中的第一颗——暗物质粒子探测卫星“悟空”，在酒泉卫星发射中心搭乘“长征二号”火箭顺利升空。十几分钟后，“悟空”就到达了距地面500千米高的太空轨道。一周后，它就传回了第一批探测数据。

“悟空”的顺利升空、入轨、工作，是我国天文领域值得庆贺的大事。那么，这台神通广大的暗物质粒子探测仪器为何会有这么大本领，竟然有希望探测到暗物质这个神出鬼没的“幽灵”呢？下面，就让我们一起走近“悟空”，看看它在“八卦炉”里练就的火眼金睛有多厉害。

“悟空”暗物质粒子探测卫星是我国独立提出并自主研制的空间暗物质粒子探测器，是目前国际上观测能段范围最宽、能量分辨率最优的空间暗物质粒子探测器。“悟空”暗物质粒子探测卫星从立项到升空，虽然只花了四年多时间，但是科学家们在研发过程中所经历的酸甜苦辣却可以大书特书。

2011年，中国科学院空间科学战略性先导科技专项中首批确定要研制四颗科学实验卫星，“悟空”就是其中的一颗。在中国科学院微小卫星创新研究院、中国科学院紫金山天文台暗物质与空间天文研究部等多家单位联合攻关下，“悟空”最终呱呱坠地，为科学界带来又一个惊喜。

与我们想象的庞然大物不同，这颗卫星只有一张办公桌大小，重量不足2吨。在1 850千克的总质量中，各种观测仪器等载荷就高达1 410千克，占比76.2%，而承载这些设备的卫星平台才重440千克，属典型的“小牛拉大车”。别看“悟空”体积小、重量轻，本事却很大，因为卫星上搭载的那些仪器，个个来历不凡，每台仪器都是高科技的结晶，有些仪器的性能甚至还超过了国外同类设备。比如，“悟空”能够探测到的粒子的最大能量，大约是国际空间站上阿尔法磁谱仪2号（AMS-02）的10倍；准确率更高，比美国航空航天管理局的费米大天区望远镜的准确率提升10倍；能量分辨率比国际同类探测器提高3倍以上。

既然用来探测暗物质粒子，那么“悟空”搭载的探测仪器必须能够获得粒子的信息，这些信息包括粒子的能量、质量、电荷、入射角度及运行轨迹等。“悟空”有四大“法宝”，它们功能各异，按照从顶部到底部的顺序依次是塑闪阵列探测器（PSD）、硅阵列探测器（STK）、电磁量能器（BGO）和中子探测器。既然“悟空”就是通过这四台仪器大显神威的，我们下面就逐个进行介绍，看看它们都有哪些神奇的本领吧。

位于顶部的塑闪阵列探测器，其主要功能是测量入射宇宙粒子的电荷，区分高能电子和光子。当高能带电粒子在穿过塑闪阵列探测器时会有能量损失，这些损失的能量转化为荧光后，到达探测器两端的光电倍增管，然后经过倍增电极放大后读出信号。

硅阵列探测器是目前国内面积最大、集成度最高的空间粒子探测器。它的通道非常多，共 73 728 路微硅条，每条只有 192 微米（1 微米 = 0.001 毫米）宽，这样才能保证它的高分辨率。探测器的主要功能是测量入射宇宙粒子的方向和电荷。

电磁量能器（BGO）位于卫星的中部，是探测器最核心的部分，其主要功能是测量入射宇宙粒子的能量，区分入射宇宙粒子的种类。BGO 里面晶体的长度决定了探测器的能量分辨能力。为“悟空”研发的BGO晶体长达60厘米，而其他国家的一般只有30厘米。308 根 BGO“水晶棒”在能量器中纵横交错，让“悟空”的能量测量能力倍增。如果把电磁量能器比作“悟空”的“眼睛”，那么BGO 晶体就是“视网膜”。

中子探测器要测量的是入射宇宙粒子与中子探测器上层的物质发生相互作用后产生的次级中子，从而进一步区分入射宇宙粒子的成分。

如今，“悟空”上天已经两年多，它的“火眼金睛”已为全人类探查了40多亿个高能粒子。每天，它以绕地球15圈的速度行进60万千米，努力为人类拨开暗物质的迷雾。

“慧眼”：硬X射线调制望远镜

当我们站在夜晚的乡郊野外，远离城市的璀璨灯火，驻足抬头凝望，满眼星空闪烁，这是每一个热爱大自然的人，最能深切感受宇宙浩瀚博大、星空美丽迷人的时刻。虽然我们用肉眼能够看到几千颗星星，但是仅仅在我们的银河系，就有几千亿颗星星。而放眼整个宇宙，星星的数量更是多到不可胜计。即便如此，在可以通过肉眼以及天文望远镜观察到的星系之外，还有很多我们看不到的黑洞，以及能够发出异常强烈辐射的中子星，还有那些具有强磁场的伽马射线暴。这些黑洞、中子星和伽马射线暴能够发射出一种高能电磁波，叫“硬X射线”。如果想要捕捉和观测到这种特殊的射线，就需要一种特殊的天文卫星，这就是本节将要详细介绍的“慧眼”硬X射线调制望远镜卫星。

揭开硬X射线的神秘面纱

X射线是1895年德国物理学家伦琴发现的，也称为“伦琴射线”，是一种波长很短的电磁波。这种射线对我们而言并不陌生，几乎各个医院都在使用，主要用来给患者做透视检查。在地铁、高铁以及机场的安检口，X射线也在大显神威。硬X射线是X射线的一种，属于高能电磁波，具有很强的穿透能力。X射线的特性通常用能量（单位：千电子伏，keV）和波长（单位：纳米，nm）描述。按照传统划分，把波长在0.01纳米（1纳米等于十亿分之一米）至0.1纳米之间，能量在10千电子伏至100千电子伏之间的X射线称为硬X射线；把波长在0.1纳米到10纳米之间，能量在0.1千电子伏到10千电子伏之间的X射线称为软X射线；而波长小于0.01纳米，能量大于100千电子伏的射线，就是伽马射线。

为何普通的光学望远镜无法观测和捕捉到硬X射线呢？原来，当我们把一台普通的光学望远镜对准X射线天体的时候，X射线不会像可见光那样在镜面上发生反射或折射，而会像一粒粒“炮弹”射进水塘里一样，被吸收了。因此，使用普通的光学望远镜，也就无法获得天体的X射线图像，这就需要特殊的观测仪器才行。

硬X射线的诞生地就是黑洞和中子星等强辐射天体。拿黑洞为例，在物质被黑洞的引力俘获后，一般以螺旋运动方式掉入黑洞中。在此过程中，被黑洞俘获的物质之间会发生相互作用，引力势能转换成辐射能，邻近黑洞的区域会发出强烈的硬X射线辐射，并且越靠近黑洞，物质的温度越高，辐射出的X射线的能量也越高。由于这种辐射受物质遮挡的影响小，所以只要有合适的仪器捕捉到，就能用来研究黑洞内部的秘密。由此，我们可以把硬X射线当成黑洞的“显影剂”。

而中子星是某些恒星演化到晚期所发生的超新星爆发的产物，它的密度非常高，约花生米大小的中子星质量就可达1亿吨。中子星表面的磁场非常强，是地球磁场的千万亿倍。孤立的中子星或处于双星系统（由两颗中子星组成）中的中子星都可能辐射出强烈的硬X射线。我们通过观测中子星射出的硬X射线，就可以测量星体表面的磁场强度，研究高密度、强磁场下物质的性质。

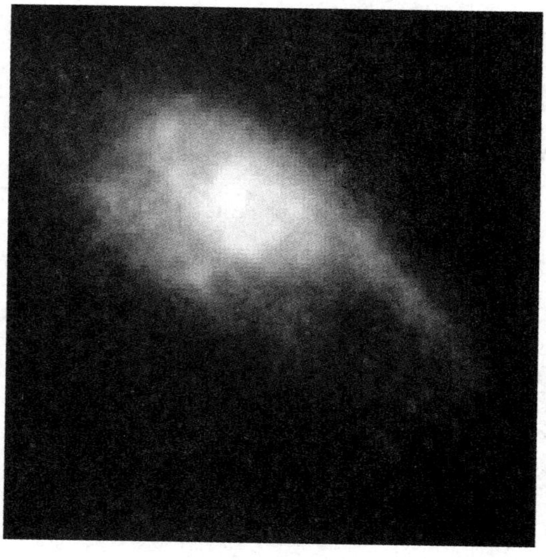

◀ 伽马射线暴图像
（GRB 130603B－2013.07.03）

另外一种硬X射线源是伽马射线暴，这种风暴不是普通的气旋，而是太空中某一方向的伽马射线强度在短时间内突然增强，随后又迅速减弱的现象，一般持续时间为0.1～1 000秒，几分钟内释放的能量相当于万亿年太阳光能量的总和。伽马射线暴首次发现于1967年，数十年过去了，科学家们仍然没有揭开它的神秘面纱。

据推测，伽马射线暴是巨大恒星在燃料耗尽时塌缩爆炸或者两颗邻近的致密星体（黑洞或中子星）并合而产生的。两个致密天体的并合除了可能发生伽马射线暴，也会产生引力波，因此，观测伽马射线暴在科学研究上的意义不可小觑。

与“悟空”暗物质粒子探测卫星一样，“慧眼”硬X射线调制望远镜也要发射到太空中才能更好地发挥作用。虽然都需要发射到太空中，但“慧眼”与“悟空”发射的原因是不一样的。至于有什么区别，还是让中国科学院高能物理研究所研究员、“慧眼”卫星首席科学家张双南教授给我们解释一下吧。

原来，天体发出的辐射往往覆盖了从无线电到高能伽马射线的整个电磁波谱段。为了更好地研究天体的物理性质，就需要尽可能地从各个波段对天体进行观测。但是，由于地球大气层的保护，天体发出的辐射中，只有部分无线电波和可见光能够到达地面，其余都被大气层吸收了。因此，对于红外线、紫外线、X射线、伽马射线等的天文观测必须在大气层之上进行，这些也是空间天文观测的主要波段。也幸亏大气层吸收了这么多高能电磁波，否则地球上的生物早已被杀死了。

科学家要想通过观察硬X射线进而研究其辐射源，就必须将一种特殊的望远镜搭载在火箭上发射到大气层之外，这种卫星就是代表一个国家技术水平的硬X射线调制望远镜，简称“HXMT”（Hard X-ray Modulation Telescope），实际上就是一个小型的天文台。

硬X射线卫星的发展

利用硬X射线观察宇宙天体的秘密，让人类探索太空的视野又大了许多。那么，这种技术起源于何时？哪个国家是该领域的执牛耳者？

追根溯源，世界上最早利用X射线观测天体的科学家是美国科学工程公司的青年核工程师卡尔多·贾科尼。他在1962年利用探空火箭将X射线计数器发射到高空，从而探测到一个很强的X射线源。在当时，因为技术所限，贾科尼并没有办法定位X射线源的具体位置，但是这种技术并没有废掉，而是延续了下来。

1965年，日本科学家小田（M. Oda）对X射线的观测手段加以改进，提出光栅准直器调制定位方法，从而可以确定X射线源的方位。1966年，贾科尼、小田等又将加了准直器的X射线探测器用火箭发射上天，探测出这个X射线源在天蝎座，这就是人类发现的第一个宇宙X射线源“天蝎座X-1”。

1970年，美国政府利用贾科尼和小田的技术成果，成功发射了全球第一颗X射线卫星“自由号”（Ukuru），并绘制出了第一张X射线巡天图，发现了400多个宇宙X射线源。2002年，贾科尼由于开启了人类观测宇宙的新窗口——X射线天文观测而被授予了诺贝尔物理学奖。

从20世纪70年代到90年代这20年间，除了美国发射的“自由号”卫星外，全球X射线卫星的研究与发射处于厚积薄发的沉默期。直到1999年，情况发生了变化，X射线卫星开始蓬勃发展——1999年美国的“钱德拉”X射线望远镜和欧洲太空局的“XMM-牛顿”X射线卫星，2005年日本的“天体-E2”X

◀“自由号”X射线卫星

射线卫星和2013年入轨的美国“原子核光谱望远镜阵列”卫星。值得一提的是，2016年日本又发射了一颗灵敏度更高的“天文-H”X射线卫星，但是升空不久便失去联系，让日本天文学界损失巨大。而我国于2017年6月15日成功发射的首颗X射线天文卫星“慧眼”，虽晚了47年，但后来居上，在性能上更加优越，可以说是同类卫星中的“集大成者”。

硬X射线信号的调制技术

在天文学领域，硬X射线波段是一个研究的空白区，谁能够捷足先登，谁就能获得主动权和话语权。所以早在20世纪90年代初，美国科学研究委员会天体物理委员会在规划未来十年美国天体物理发展的报告中就指出，高能天文观测存在一个重要的缺口，就是硬X射线波段，预期这个波段将是富有成果的领域。报告将“硬X射线成像”列为优先级最高的90年代空间高能项目，而美国宇航局也把“硬X射线巡天”列为90年代空间高能天体物理的首要任务。

硬X射线成像技术是硬X射线天文望远镜的核心技术之一，只有将无形的射线转为有形的图像，才能让我们清楚地看到黑洞或者中子星中隐藏的秘密。这项技术最早是由美国人发明的，其原理非常复杂，而且成本高昂。

20世纪90年代初，我国科学家李惕碚和吴枚建立了直接解调方法来进行成像。与西方在20世纪70年代发展起来的复杂、昂贵的成像技术相比，这种方法利用技术成熟、造价便宜的准直探测器的扫描数据，就可实现高灵敏度、高分辨率的图像，技术优势十分明显。1993年，中国科学院高能物理研究所根据这项技术提出了研制“硬X射线调制望远镜”的设想，之后经过反复论证，最终在2011年3月得以立项。

“慧眼”天文卫星后来居上

我国自主研发的硬X射线调制望远镜卫星于1993年提出设想，2011年3月正式立项，到2017年6月发射成功，前后花了24年时间，其间充满了艰辛和坎坷，但是只要方向对了，坚持下去，就一定会成功。同样的经历，也发生在

“天眼”射电望远镜身上，我们在后续章节中会详细加以介绍。

面对国外高能天文研究领域一路突飞猛进，我国的天文学家当然也不甘示弱，为了打破技术封锁，在高能天文领域获得一席之地，实现核心技术的自主知识产权，经过多年努力，终于研制成功首颗硬X射线调制望远镜卫星，起名“慧眼”。卫星呈立方体结构，总重约2.5吨，在轨高度约550千米，设计寿命4年（国外同类卫星设计寿命也是3～4年，但健康运行10年以上的也非常普遍）。

“慧眼”卫星的心脏就是三台功能各异的望远镜，包括高能X射线望远镜（20 keV~250 keV，5 000平方厘米）、中能X射线望远镜（5 keV~30 keV，952平方厘米）和低能X射线望远镜（1 keV~15 keV，382平方厘米）。补充说一句，括号内前面的数字是X射线的能量区域，后面的数字是望远镜能够探测到的有效面积。不同能量的X射线辐射起源是不同的，或者起源于天体上不同的物理过程，或者是在不同物理条件的区域中产生的。三种望远镜可在不同的波段同时观测一个天体，对其活动给出更全面、更准确的判断。为了增加保险系数，卫星上还搭载了一台空间环境监测器，用来监测卫星运行空间中的带电粒子环境，当卫星出现异常时，可协助判断出现问题的原因。

“慧眼”配备的高、中、低三种望远镜，可实现1 keV~250 keV的能区全覆盖，可完成以前需多颗卫星同时观测的任务。

那么，“慧眼”卫星是如何观测目标天体的呢？主要有三种办法：一是采用扫描观测，二是采用定点观测，三是采用伽马射线暴观测，从而实现宽波段、高灵敏度、高分辨率的X射线空间观测。其中扫描观测是“慧眼”卫星监视已知放射源、发现新天体的主要手段；定点观测则是将望远镜指向某一天体（银河系内的黑洞或中子星），眼睛一眨不眨地进行长时间观测，来研究天体的活动和演化机制；而伽马射线暴观测则是“慧眼”首席科学家张双南创造性地开发的一个新功能，将原本用于屏蔽干扰粒子的探测器稍加改造，使其成为目前世界上面积最大、灵敏度最高的伽马射线暴探测器，大大拓展了“慧眼”的探测范围，提高了“慧眼”的探测能力。

“慧眼”天文卫星的拿手本领

别看“慧眼”升空晚，本领却很大，性能比国外同类卫星更加优越，不但功能强大，而且覆盖波段宽、探测面积大。下面我们就梳理一下“慧眼”的拿手本领吧！

首先，我们这颗卫星能够观测到1 keV~250 keV的X射线能区，这是其他同类卫星做不到的，并且“慧眼”对于能量高于15 keV的硬X射线的观测最为拿手，而这类射线主要来源于诸如黑洞、中子星等极端物理条件区域。我们根据硬X射线提供的信息，便可窥探黑洞、中子星等的秘密。

其次，“慧眼”探测面积大，巡天快。尤其是高能X射线望远镜的探测面积达到了5 000平方厘米，是国际上同能区面积最大的准直型望远镜，可探测大批超大质量黑洞和其他高能天体，研究宇宙X射线背景辐射的性质。通俗地讲，“慧眼”就像一台超级X光机，能够给黑洞做一遍全身扫描，从而查看它们的“五脏六腑”，发现有用的信息。

还有，“慧眼”看多亮的X射线源都不会晃瞎眼。它的一大优势就是用低能X射线望远镜观测强源时，不会出现眼前白茫茫一片曝光量过大的情况。

▲ “慧眼”天文卫星假想图

正因拥有这些神奇本领，“慧眼”才能后来居上，成为今后一段时期研究黑洞等天体的“神兵利器”。德国科学家说，有了“慧眼”，科学家将不再是盲人摸象，而是能够从头摸到尾。

利用“慧眼”进行科学实验

作为高能天文学研究领域的一台实验利器，“慧眼”在短短四年内要承担繁重的科研观测任务。要想高效利用这颗卫星，就需要制订周密的实验计划。那么，科学家们该如何利用这台卫星为国家服务呢？

首先需要科学家们提出需要解决的科学问题，并给出具体的观测目标和观测需求，形成观测方案；然后经过评审和遴选，最终确定观测计划；接着，观测计划通过测控系统转换为具体的观测指令，操作卫星进行工作，并将观测数据下传至地面观测站；最后，通过数据处理软件对这些数据进行处理，生成标准数据产品，科学家再对这些标准数据产品进行分析，从而产生有价值的科学成果。

除此之外，还有两项重要的工作需要去做。第一项工作，由于卫星所处的空间环境非常复杂，在观测过程中会有大量的无用信号被记录下来，这些无用信号的强度有时甚至远远超过真正有价值的信号的强度。为了获取精确的天体信息，就需要采取“空间本底”数据分析手段，将无用信号去除。另外，卫星发射后，由于空间辐射环境及发射过程中其他因素的影响，可能会导致探测器性能发生变化，同时，随着时间的推移，探测器性能也可能会发生改变，这就需要科学家们定期对卫星进行标定（也就是维护），以保证其正常工作。

也许此刻，兢兢业业的“慧眼”正目不转睛地盯着宇宙中的某个天体，聆听洪荒深处天体脉搏跳动的声音。也许用不了多久，“慧眼”就会创造奇迹。

“天眼”FAST：追寻宇宙创生之初

“美丽的宇宙太空以它的神秘和绚丽，召唤我们踏过平庸，进入它无垠的广袤。”写这句诗歌的不是一位诗人，也不是一位作家，而是因病刚刚离我们而去的著名天文学家南仁东先生。这位20世纪60年代清华大学毕业的高材生，一生颇具传奇色彩，对他所热爱的科学鞠躬尽瘁，令人敬仰。

南仁东先生对我国天文学的最大贡献就是花了20多年的时间，带领研究团队在我国贵州省黔南布依族苗族自治州平塘县大窝凼的喀斯特洼坑中，建造起了世界上最大单口径的球面射电望远镜（FAST），俗称“天眼”。“天眼”FAST是国家重大科技基础设施，它的建成不仅是我国天文学研究领域的壮举，在世界天文学领域也可拔得头筹，是不折不扣的世界之最，并且有望保持20年的领先地位。

“天眼”到底有多厉害？看看世界知名的科技大咖们的评价就一清二楚了。国际射电天文学研究中心教授安德烈亚斯·维切内克称赞说，中国的超级“天眼”是一个工程奇迹，无疑显示了中国在发展高技术硬件方面取得的惊人突破。美国著名物理学家、诺贝尔奖获得者约瑟夫·泰勒说，超级“天眼”将会带来许多新的重要科技成果，并使中国在全球科技领域占据更重要的席位。

如今“天眼”的缔造者南仁东先生已经离去，但是他身后留下的这个巨型工程，将作为一个宏伟的地标矗立在西南山区的崇山峻岭之中。硕大的“天眼”将遥遥指向苍穹深处，穿过百亿年的浩瀚岁月，追寻宇宙创生之初。

射电望远镜的今昔

“天眼”是世界上单口径最大的射电天文望远镜，蕴含着多项高新技术，承载着无数科技人员的心血和汗水。为了让大家更好地了解“天眼”的独一无二和出类拔萃，首先带大家了解一下射电天文望远镜80多年的发展历程。有对比才能分出高下，有对比才能更好地展示我国天文学家高瞻远瞩的气魄和舍我其谁的自信。

在介绍“天眼”之前，让我们沿着时间长河逆流而上，追溯射电天文学的开创之初，看看那些前赴后继的科学家们，为了探索宇宙星空的奥秘，是如何打破肉眼的视界，超越光学望远镜的局限，用全新技术开创天文学新纪元的吧！

射电天文学的发展与19世纪末电磁波的发现密切相关。早在1865年，现代电磁学的奠基人麦克斯韦就预言，自然界存在电磁波。1887年，德国物理学家赫兹通过实验证明了电磁波真实存在，为近代科学革命的爆发提供了火种，也为现代文明的兴起奠定了基础。

也是在19世纪末，德国天文学家约翰内斯·威尔兴和朱利叶斯·史肯将目光转向了大家熟知的太阳，想获得来自太阳的射电辐射，但由于缺乏必要的仪器设备，始终未能如愿，不过这两位天文学家却不经意地为射电天文学的诞生开启了一扇大门。

1931年，美国物理学家KG·杨斯基在搜索电话干扰信号的过程中，首次通过仪器记录到了来自银河系的无线电波，标志着射电天文学的诞生。五年以后，一位名叫格罗特·雷柏的业余天文爱好者受杨斯基的影响，在自家的后院建造了一台口径9米的射电望远镜，并绘制了第一幅无线电巡天图，成为射电天文学领域的开拓者。

谈到这里，我们不妨多问一句，射电望远镜和光学望远镜的区别在何处呢？原来，射电望远镜也叫无线电望远镜，是利用定向天线和灵敏度很高的微波接收装置来接收星体发出的无线电波，以此来观测星体的。它由收集电波的定向天线、高灵敏度接收机，以及信息记录、处理和显示系统等组成。所以，它没有如光学望远镜那样高高竖起的镜筒，也不需要物镜和目镜。天文学家只需通过分析获得的信息，就可以研究遥远的宇宙空间。此外，射电望远镜要比

▲ 射电望远镜

▲ 大型光学望远镜

光学望远镜的观测距离远得多，并且无论白天黑夜，还是刮风下雨，都可进行不间断观测。

20世纪40年代，射电天文学的第一个收获期来临，天文工作者们先后获得了来自太阳和其他星球的电波信号。到了20世纪60年代，射电观测更是成就非凡，类星体、星际分子、宇宙微波背景辐射、脉冲星等新鲜事物陆续被发现，大大拓展了人们的视野。各种尺寸的射电望远镜如雨后春笋般出现在地球表面，射电天文学进入了蓬勃发展的新时代。

射电望远镜一般分为单口径射电望远镜和综合孔径射电望远镜。“天眼”未建成之前，世界上具有代表性的单口径射电望远镜有澳大利亚的64米口径射电望远镜、意大利的64米口径望远镜、中国的65米口径射电望远镜、英国的76米口径射电望远镜、德国的100米口径射电望远镜，以及美国的110米口径射电望远镜和305米口径射电望远镜。“天眼”建成之后，力压群芳，成为世界第一大单口径射电望远镜。

综合孔径射电望远镜是为了解决单口径射电望远镜分辨率不足的问题而研制的。这是因为，射电望远镜的分辨率取决于口径与观测波长，当观测波长恒定时，口径越大，分辨率越高。但是，单靠增大口径来提高分辨率又面临很多困难，这促使天文学家转而研究综合孔径望远镜。通俗地讲，综合孔径望远镜就是将多台射电望远镜联合在一起，构成一个巨大的望远镜阵列，以此提高观测的分辨率。有时候这些望远镜之间的距离，可以相隔几千米到几千千米，甚至不受距离的限制。所谓“一个好汉三个帮”“众人拾柴火焰高”，就是这个道理。目前，世界上最大的综合孔径射电望远镜位于美国新墨西哥州的圣阿古斯丁平原，由27台口径25米的射电望远镜组成。

看看“天眼”的迷人之处

前面我们说了，单口径小尺寸的射电望远镜存在分辨率低的缺点，只有将口径做得越大，分辨率才越高。然而，有利就有弊，将镜面的口径做得越大，对技术的要求就越苛刻，建造起来也就越困难。在“天眼”没有建成之前，只有美国有能力建造口径305米的射电望远镜，这就已经很令人惊叹了。没想到，我国的科学家不出手则已，一出手就是大手笔，直接把望远镜的口径做到了500米宽。这是技术的自信，更是国家财力雄厚的表现。“天眼”从项目预研到建成花了22年时间，耗资十几亿元人民币，没有持之以恒的精神，没有一定的魄力和财力，是完不成这项伟大工程的。既然“天眼”如此迷人，就让我们一起与它来个亲密接触吧！

▲ “天眼”FAST

2016年9月25日正式启用的“天眼”，最令人震撼的就是它庞大的身躯，占据了约30个足球场，整整填满了一个巨大的圆形山坳，而且口径尺寸突破了射电望远镜的百米极限，达到了500米。

“天眼”第二个令人惊叹的工程奇迹就是它的反射面，总面积约25万平方米，由4 450块反射面板单元组成，其中包括4 273块基本类型反射面单元和177块特殊类型反射面单元。每块反射面单元边长为10.4～12.4米，重量为427.0～482.5千克，而厚度却只有约1.3毫米。“天眼”的反射面安装要求精度极高，吊装工程施工难度极大，仅将近4 500块的反射面组装，就花费了整整11个月的时间，平均下来每天仅能安装约14块。

“天眼”第三个令人赞叹的是它的本领。“天眼”具备极高的灵敏度，与号称“地面最大的机器”的德国波恩射电望远镜（100米口径）相比，灵敏度约提高了10倍，并且有望在未来20年间继续保持世界一流设备的地位。理论上讲，“天眼”能接收到138亿光年（光年是长度单位，即光一年走过的距离）以外的电磁信号，这个距离接近目前可视宇宙的边缘。“天眼”超强的灵敏度有利于探索太空，寻找有关宇宙起源及演化的线索和宇宙智能生物的迹象。

“天眼”建成后，网上就有人说怪话，认为这是国家的“面子工程”，是花大笔钱建造的中看不中用的设备；还说，将这么昂贵的望远镜用来探索外星人，是不是暴殄天物、大材小用啊？其实，只要我们深入了解一下“天眼”的真正使命，看看它能够完成哪些“高大上”的科学实验，心中有了一杆秤之后，再面对这些质疑时，就可以理直气壮地进行反驳了。

那么，“天眼”能够承担哪些科学探测任务呢？

第一，“天眼”的视力好，能够观测暗物质和暗能量，进而探索宇宙的起源和变化。

第二，“天眼”的本领大，准备用一年的时间发现数千颗脉冲星，研究极端状态下的物质结构与物理规律，从中筛选合适的脉冲星，帮助我们建立基于脉冲星的自主导航系统。因为脉冲星发射无线信号非常规律，比最准确的原子钟还要精确，即使过去百万年也不会变化，这个神奇的特性，就可以用作宇航灯塔，帮助太空飞船进行定位。

第三，“天眼”的能力强，可以帮助科学家发现奇异星和夸克星，还可以发现中子星、黑洞等天体，甚至可以精确测定黑洞的质量。

第四，“天眼”在深空探测领域也有重要用途。当深空探测器离我们越来越远，地面接收的信号越来越弱时，就需要有强大的地面望远镜来支持，从而继续接收那些遥远天体发出的微弱信号。

“天眼”的最后一项任务才是搜寻、识别可能的星际通信信号，寻找地外文明，概率要比现有设备大5 ~ 10倍。

“天眼”背后的智慧力量

“天眼”能够历尽艰辛，矗立在中国的大地上，凝视亿万年的浩渺空间，捕捉稍纵即逝的星体信息，揭开宇宙的神秘面纱，让人类的心灵能够跳出三界之外，在无垠的宇宙空间任意翱翔，背后是无数科技工作者的辛勤付出和坚守。

早在1993年的国际无线电联盟大会上，包括中国在内的10个国家的天文学家提出建造巨型望远镜的计划，希望在电波环境彻底毁坏前，回溯原初宇宙，解答宇宙学的众多难题。在这一科学原动力驱使下，各国研究团队开始了新一代巨型射电望远镜工程概念的研究，以抢占制高点。经过多年坚持不懈地探索，中国的天文学家提出在贵州喀斯特洼地中建造500米单口径球面射电望远镜的建议和工程方案，以期实现射电望远镜在中国的跨越式发展。

我国的科学家向来是不做则已，一做就达到极致，500米口径的射电望远镜，要比美国305米口径的射电望远镜大195米，这就意味着采用的材料和技术手段，也是前人所没有的，都需要有开创性的研究。

建造“天眼”望远镜，第一个需要解决的难题就是选址问题。射电望远镜需要搜索来自宇宙深处天体发出的微弱无线电信号，不能有一丝一毫的外界干扰，因为这些信号实在太微弱了！微弱到什么程度呢？全世界70年来所有射电望远镜接收的信号总能量还翻不动一页书。这就意味着，周边的任何人为的无线电干扰都会给射电望远镜带来很大的麻烦。因此，射电望远镜必须安装在远离城市和人口密集的地方，保证环境足够安静，也要足够干净。

另外，探测宇宙边缘的信息需要大口径望远镜，由于自重和风的影响，望远镜的尺寸很难做到很大，传统可动望远镜的最大口径只能做到100米。所以，从1994年开始，科学家在全国各地想为“天眼”寻找一个合适的家，先后考察、分析了400余个洼地，制作了90个候选洼地的高分辨率模型图像，最终选择了贵州省平塘县克度镇金科村的大窝凼洼地作为“天眼”的台址。这个洼地直径600米，深达300米，正好与“天眼”的口径相吻合。而且这个天然洼地附近5千米内没有一个乡镇，25千米内只有一个县城，无线电环境相当理想。利用这个天然的凹形洼地，就可以控制望远镜因为自重而引起的变形，从而突破在地面上建造可动望远镜的百米口径极限。这种利用天然地形的精巧构思也降低了望远镜的成本，其每平方米造价才600美元，而同样工作波段的普通单口径望远镜造价要2 000美元。

“天眼”要解决的另一个技术难题，就是如何为将近4 500块反射镜片找一个支撑结构。这是“天眼”的一大技术创新——世界上跨度最大、精度最高的网索结构，也是世界上第一个变位工作的索网体系。所谓“变位工作”指的是什么呢？就是索网不是固定不变的，而是可以根据需要不断变化形状，以满足望远镜不同观测角度的需求。

跨度超过500米的索网，由6 670根主索和2 225根下拉索构成，每根缆索的长度和精度误差不能大于1毫米，一旦动起来，每个节点都要保证万无一失。不难想象，这对缆索的抗拉强度和灵活度都是一个巨大的挑战，但是这些难题最终还是完美地解决了。

“天眼”的第二个技术创新，是对望远镜反射镜片的设计，可谓精益求精，考虑到了各种环境因素和风险意外。比如，设计的镜片都有小孔、透光率为50%，这样既可以防止镜面上积水变成水塘，影响探测信号的性能，又能将雨水渗漏到望远镜下面的植被上面，不影响植物的生长。

“天眼”的第三个技术创新，是对于馈源舱的设计。这里所说的“馈源舱”是天文学中的专业术语，说白了就是射电望远镜的接收机，用来接收反馈回来的无线电信号。“天眼”的馈源舱以及用来拖动馈源舱的轻型索支撑系统也非常精妙。安放信号接收机的馈源舱悬吊在500米口径球面的中央，通过周边的6个支撑塔以及6根牵引着馈源舱的钢索来进行支撑，主要目的就是能把射电望远镜的馈源在空中高精度定位。

中国“天眼”成果“首秀”

“天眼”的本领果然不同凡响，仅启用一年，就发现了6颗新脉冲星。其中最早一批认证的有两颗，分别发现于2017年8月22日、25日，距离地球分别约1.6万光年和4 100光年，这是我国射电望远镜首次发现脉冲星。根据国家天文台的科学家介绍，发现脉冲星是“天眼”的核心科学目标，正处于调试阶段的望远镜成功发现脉冲星并得到确认，意味着“天眼”现已实现指向、跟踪、漂移扫描等多种观测模式，调试进展超过预期。下一步，“天眼”将开始正式承担科学观测任务。

▲ 美国WorldView-3卫星在600千米外的太空中拍摄的“天眼”

航天·气象篇

人类对浩渺星空的探索，是不断突破自身认知的过程。作为地球上芸芸众生中最高等的物种，为了打破地球的束缚，我们人类借助先进的技术手段，不断朝着未知领域前进，再前进。前赴后继的艰难求索，集腋成裘的知识累积，使我们的目光看得越来越远，让我们的思想奔跑在了时光的前面。每一次科技的进步，都会带来整个社会的大发展；每一次技术的创新，都能给我们提供更加美好的生活。本篇我们要了解的是引以为傲的航天科技，以及与我们的生活息息相关的气象科学。

在航天领域，我国有很多高端科技。在这些高端科技的背后云集着一大批聪明的头脑，他们数十年如一日默默无闻地耕耘，让我国的航天技术实现了变道超车，创造了一个又一个奇迹，如“神舟”系列飞船、“嫦娥”探月计划，还有各类卫星和空间实验室，令人目不暇接。

而在气象科学领域，也同样值得我们称赞。科学家们几十年耕耘不辍、默默奉献，终于迎来了丰硕的成果，监测越来越精确，预报越来越及时……而这在二三十年前是不可想象的，甚至只能出现在科幻小说的设定中。

在本篇中，我们重点向读者介绍三项处于国际领先地位的新科技，一个是中国空间站的前身——“天宫二号”实验室，一个是能够准确探测大气变化的“风云四号”卫星，还有一个是能够监测全球大气中二氧化碳浓度的“碳卫星”。

近几年，“天宫一号”和“天宫二号”空间实验室的相继成功发射，使建造属于自己的空间站的中国梦就要成为现实。

它们为我们积累了很多宝贵的经验，完成了大量科学实验，而且还成功实现了飞船对接和宇航员入驻，从而在茫茫太空中，终于有了中国人的身影。

“风云四号”气象卫星可谓是监控局部大气变化的能手，它的火眼金睛一眨不眨地盯着我国广大区域，只要天气一有风吹草动，立马就能够捕捉到相关信息，进而完成气象预警和预报。有了它的“明察秋毫”，我们对付极端天气的手段也越来越强。

碳卫星更是我国一个占领世界卫星技术制高点的产品，即使是大气中二氧化碳的浓度发生了微小的变化，都逃不过它的那双眼睛，性能非常优越，可彻底碾压国外同类卫星。你对它了解得越多，对研制卫星的科学家们就越钦佩。

那么，要想知道这三大科技利器的卓越之处，就让我们一起走进航天科技和气象科学的前沿，来一场畅快淋漓的天外巡游吧！

“天宫二号”：中国空间站的排头兵

2013年上映的太空历险电影《地心引力》，讲述了美国宇航员在空间站遭受损毁之后险中求生的故事。电影惊险的逃生情节和宏大壮观的太空美景，震撼了无数观众。影片中，有一个情节是女宇航员借助中国的空间站完成了最后一搏，最终安然回到地球。虽然这个情节是好莱坞电影制作人为了中国观众而做出的示好镜头，但也足以让每一位中华儿女热血沸腾。不过，今天电影中出现的中国空间站已经不再是幻想，距离实现也只有一步之遥。

人类对外太空探索的热情，自始至终没有熄灭过，各国的太空英雄们争先恐后地剑指苍穹。这不仅仅是个人成就的展示，更是一个国家强大实力的表现。载人航天和探月工程，对于一个国家的战略发展举足轻重。早在2005年，国务院就颁布了《国家中长期科学和技术发展规划纲要（2006—2020年）》，将载人航天与探月工程列为国家科技重大专项，并明确指出：“载人航天与探月工程，是国家综合国力和科技水平的重要体现……该专项的实施，可大大提高我国的国际威望，增强民族凝聚力，并在航天领域未来的国际竞争和合作中处于有利位置。”

而要想发展载人航天，空间站的重要性不言而喻。它是太空实验基地，是宇航员的临时栖身之所，也是继续向深空进军的踏板。2010年9月，中央批准实施空间站工程，明确我国空间站工程的战略目标是：在2020年前后，建成和运营近地空间站，使我国成为独立掌握近地空间长期载人飞行技术，具备长期开展近地空间有人参与科学技术实验和综合开发利用太空资源能力的国家。

现在，距离建成和运营空间站的最后期限还有两年，这个宏伟的计划进展如何？是否能够如期给大家带来惊喜？与国外同行相比，我们的空间站技术是否能够拔得头筹？“天宫二号”与空间站之间究竟有怎样的关系？带着这些问题，我们开始本节的探秘之旅吧！

为何要建造空间站

对于空间站，我们并不陌生，它的身影在很多电影里出现过，无论是《异星觉醒》这类外星入侵的科幻片，还是《完美风暴》这类灾难片，空间站都在影片中扮演了至关重要的角色。空间站的作用，往小里说，是宇航员在太空的落脚点，是一种可供多名航天员巡访、工作和居住的大型载人航天器；往大里说，是人类开发和利用空间资源的独特平台，也是载人航天技术发展的重要里程碑。

初级阶段载人航天的发展规律就是“造船必建站，建站为应用”，世界各国概莫能外。可见，宇宙飞船与空间站的建造密不可分，相辅相成。说起空间站的建造，还要追溯到20世纪60年代，它的兴起与“冷战”时期美国和苏联搞太空竞赛有关。当时美苏两国在太空探索上你追我赶，互不相让。先是苏联爆出一个大冷门，于1961年4月12日成功发射“东方号”飞船，完成了人类首次载人航天飞行，震惊了全世界。美国深感压力，于是开始实施载人登月计划，并于1969年成功将美国国旗插到了月球上，扳回了一局。苏联竞争落败之后，转而建造空间站，并取得了技术领先地位。

世界上第一个空间站是1971年4月19日苏联发射的“礼炮一号”，随后一鼓作气，相继发射了“礼炮二号”至“礼炮七号”，以及“和平号”空间站。美国奋起直追，于1973年发射了第一个空间站——“天空实验室”。“冷战”结束后，1998年，由美国和俄罗斯牵头，美国国家航空航天局、俄罗斯联邦航天局、欧洲航天局、日本宇宙航空研究开发机构、加拿大国家航天局和巴西航天局六方联合，共16个国家参与研制的“国际空间站”开始建造。

值得一提的是，这16个国家里并没有中国的名字。当年我国的科学家提交申请，希望能够参与国际空间站的研究和建造，被美国以军事用途为由一口回绝了。也是因为这次拒绝，才成就了我国后来发射的“天宫一号”和“天宫二

▲ 由16个国家合作研制的“国际空间站”

号”太空实验室，以及即将完美现身的中国自主制造的空间站。

那么，我国将要建造的空间站到底是什么模样呢？就让载人航天领域的科学家们为我们介绍一下吧！

从外形看，中国空间站基本构型为“T”字形，由3个舱段组成，核心舱居中，实验舱Ⅰ和实验舱Ⅱ分别连接于两侧。核心舱前端设前向、径向（对地）两个对接口，接纳载人飞船对接和停靠；后端设后向对接口，作为货运飞船补给端口。站上设气闸舱用于航天员出舱，同时配置大小两个机械臂用于辅助对接、补给、出舱和科学实验。在该空间站运营阶段，还将发射第二个核心舱进行前向对接，最终整个空间站将形成“十”字构型，并具备进一步的舱段扩展能力。

“天宫二号”为空间站铺路

现在，我们已经了解了空间站的来龙去脉，对我国将要研发的空间站也有了一个初步的印象。现在，就让我们仔细看看中国空间站的排头兵——“天宫二号”，看看这个万众瞩目的太空实验室蕴藏着哪些鲜为人知的秘密吧。

在讲述“天宫二号”太空实验室之前，我们先回顾一下它的前身——于2011年9月29日发射升空的“天宫一号”。“天宫一号”是我国第一个自主研制的太空实验室，是“天宫二号”的试验版，重约8吨，设计在轨寿命为两年，运行轨道高度约370千米。2016年超期服役的“天宫一号”，在完成了所有任务后，正式终止了数据服务，预计2018年完成历史使命，坠入大气层烧毁。

“天宫一号”设计为实验舱和资源舱两舱结构。实验舱可用于航天员驻留期间在轨工作和生活；资源舱内有发动机、电源装置等，可为“天宫一号”提供动力。“天宫一号”作为实验室，上面搭载了对地观测设备、空间材料科学实验设备、空间环境与物理探测设备和可再生生命保障技术试验设备等。“天宫一号”发射升空后，首先与“神舟八号”飞船成功进行了无人对接，此后又与“神舟九号”飞船实现载人对接，迎接了第一批宇航员的到来。2013年，“天宫一号”又与“神舟十号”飞船开展了交会对接试验，并取得成功，验证了自动及手动控制交会对接技术。

▲ “天宫一号”模型

2016年9月15日，“天宫二号”成功发射。它是继“天宫一号”后中国自主研制的第二个空间实验室，承担着极为繁重的试验和测试任务。如果说我国的空间站建设要分三步走的话，“天宫二号”的建造和发射就属于第二步，可为将来的空间站做准备，测试、验证各种技术和标准，积累重要数据。

如果我们将“天宫一号”和“天宫二号”做个比较，就会发现二者在很多方面都非常相似，可以说“天宫二号”就是“天宫一号”的升级版。“天宫二号”空间实验室全长为10.4米，最大直径约3.35米，太阳翼展宽约18.4米，重约8.6吨，设计在轨寿命为两年。实验室主体仍采用实验舱和资源舱两舱结构。

与“天宫一号”相比，“天宫二号”更加智能，配备了智能化“大脑”控制计算机系统，可以自主进行航天器飞行姿态调整、智能化诊断等。除了搭载必要的实验仪器和材料之外，“天宫二号”还做了很多改进，比如为满足推进剂补加试验需要，对推进系统进行了适当改造；为满足中期驻留需要，对空间环境进行了重大改善，具备支持两名航天员在轨生活、工作30天的能力。

“天宫二号”不仅装备更豪华、装载量更高、内部环境更好，而且搭载的设备也更先进。例如，首次搭载了液体回路验证系统，用来验证空间站维修技术；首次搭载了机械臂操作终端试验器，用来开展人机协同太空在轨维修实验，为以后空间站任务提供技术储备。采用模块化系统设计的“天宫二号”，一旦某个部件出现故障，能够快速更换和在轨维修，这在国内空间领域实属首创。

“天宫二号”承担的主要任务

“天宫二号”顺利升空，让我国距离建造空间站的目标更近了一步，距离征服太空的梦想也更近了一步。这个升空的空间实验室肩负着三项主要任务，第一项任务是完成航天员的中期驻留，这项任务已经圆满完成。2016年10月，我国发射的“神舟十一号”载人飞船与“天宫二号”空间实验室在高度约393千米的轨道上进行自动交会对接，景海鹏、陈冬两名航天员进入“天宫二号”，并在轨生活、工作了30天。

第二项任务是完成在轨补加推进剂的工作，就是在空间站运行期间为其添

▲ “天宫二号”与“神舟十一号”交会对接模型

加燃料，类似于飞机空中加油。据了解，推进剂在轨加注是个技术要求非常高的过程，货运飞船和空间站的运行速度都是大约8千米/秒，二者互相对接补加燃料的时候，稍有差错就会酿成大事故。在地面加注推进剂尚且困难而又危险，何况在茫茫太空进行无人操作呢？技术实现起来非常不易。在我国之前，只有美国和俄罗斯掌握了推进剂补加技术，而在轨补加推进剂技术只有俄罗斯能实现。未来空间站要长期运行，实现推进剂在轨补加是必不可少的一环。为了实现在轨补加技术，“天宫二号”研制团队进行了为期三年的刻苦攻关，最终大功告成，不但解决了在真空环境高速运动下的密封性难题，而且单个贮箱的抽气时间相比俄罗斯节省了一半，出口压力超过了“和平号”和国际空间站，功耗却低于前两者，使中国成为世界上第二个掌握了空间在轨补加推进剂核心技术的国家。

第三项任务是完成在轨维修技术试验。太空环境复杂，空间站在长期运行过程中难免要进行设备维修。与地面维修相比，在轨维修难度大、要求高，所以必须借助“天宫二号”让航天员熟悉和掌握维修操作技术，同时，还需要克服空间狭小和微重力环境等障碍。

除上述三大任务之外，“天宫二号”还利用其实验平台和太空环境条件，完成了一批体现高端前沿的科学实验任务。这些科研任务涉及微重力基础物理、微重力流体物理、空间材料科学、空间生命科学、空间天文探测、空间环境监测、对地观测以及地球科学研究8个领域。

既然要做太空实验，必备的仪器是少不了的。细数一下，这座实验室大大小小搭载了14项“黑科技”，如全球首台空间冷原子钟、高等植物培养系统、宽波段成像光谱仪、三维成像微波高度计、空地量子密钥分配系统等。

上面列举的这些非常专业的科技名词，已经超出了你的知识范围了吧！不过不重要，我们只需记住“天宫二号”是一个非常先进、高端、大气、上档次的太空实验室就可以了，那里面进行的都是非常尖端、非常前沿，具有重要战略意义的科学实验，是未来造福国家和人民的先进技术。

谁来为“天宫二号”保驾护航

“天宫二号”能在太空安全运行，也有很多“黑科技”在背后撑腰呢！就让我们盘点一下，一睹这些关键技术的真容吧。

我们知道，无论是“天宫二号”还是其他宇宙飞船，在太空中运行时，都需要动力系统来提供动力，如需要加速的时候，动力系统可以提供推力；需要减速的时候，动力系统可以“踩刹车”；需要变换方向的时候，动力系统可以帮着拐弯。没有动力系统，“天宫二号”就失去了“自由”。而这个重要的“黑科技”就藏在“天宫二号”的资源舱里，由中国航天科技集团有限公司第六研究院负责研制。科学家们在这个“黑科技”上配置了20多台不同推力的姿态控制发动机，以便在必要的时候调整“天宫二号”的姿势。

在外太空中，宇航员可能会遭遇的最可怕的事情是什么呢？

推进器失灵？氧气箱泄露？被陨石击中？

事实上，对宇航员来说，最可怕的事情是飞船密封不严。可以试想一下，宇航员如果在没有防护的情况下突然暴露在太空中，会产生多么可怕的后果，那里可是真空啊，顷刻之间就会送命。所以，无论是“天宫二号”，还是其他类似的飞行器，保证密封性都是第一位的。

前面已经介绍过，“天宫二号”肩负的一项重要任务是开展航天员中期驻留试验，这就必须保证舱内压力、温度、湿度、气体成分等生存条件合适，甚至是舒适。其密封件除要求密封性能安全可靠外，材料还要安全无毒，能经受住 -70 ℃ ~ 200 ℃高低温交替变化，能扛得住高真空、强紫外线辐射、带电粒子辐照和原子氧侵蚀等各种复杂环境的长期考验，不降解、不老化，安全使用30年。即便要求如此苛刻，科学家们还是研制出了性能最佳的密封材料，同时解决了各试件的模具成型的难题。因为密封材料规格多样，形状各异，大的直径长达1米多，小的却只有十几毫米，研制人员不得不为它们量身定制模具，尺寸误差不超过0.01毫米，确保了产品的安全和性能。

2016年10月19日，“天宫二号”空间实验室与“神舟十一号”载人飞船完成对接，接纳了两名航天员。2017年4月22日，“天宫二号”又迎接了“天舟一号”货运飞船的到来，并顺利完成物资补给及推进剂在轨补加等任务。自此，我国载人航天工程空间实验室阶段任务实现了“成功首飞、稳定运行、健康驻留、安全返回、顺利补加、成果丰硕”的目标，中国载人航天迎来了新时代。而“天宫二号”作为中国未来空间站的排头兵，将永远被记录在我国航天事业的史册中。

▲ “天舟一号”货运飞船与“天宫二号”交会对接示意图

“风云四号”：明察秋毫观气象

2017年9月25日17时至28日17时，当微信用户像往常一样登录的时候，细心的人会发现界面出现了一些微妙的变化，之前熟悉的“蓝色弹珠”图像被一幅全新的蓝色云图所取代。那么，微信替换登录页画面的原因是什么？这两幅地球图像又有什么区别呢？原来，微信登录页面之前选用的“蓝色弹珠”画面是美国国家航空航天局在全世界范围公开的第一张完整的地球照片，这是人类第一次从太空中看到地球的全貌，画面中显示的是非洲大陆。而后来替换的画面，是由我国自主研制的新一代气象卫星“风云四号”拍摄的，显示的是亚洲大陆上空的情景，更确切地说，是华夏大地的影像图。

微信登录页面图像的更换具有很重要的历史意义，一是展示了我国气象领域所取得的伟大科技成就，二是就如微信团队所说的那样，非洲大陆是人类文明的起源地，将非洲上空云图作为启动页背景图，是希望赋予其“起源”之意；而选用“风云四号”拍摄的画面，寓意着从“人类起源”到“华夏文明”的发展，旨在向亿万微信用户展示中国的大好河山。

也许一些读者会认为，如今发射升空的气象卫星多如牛毛、类型各异，我国发射的“风云四号”有什么值得大惊小怪的！如果你也这么想就错了。接下来，我们不妨对“风云四号”做一个近距离接触，看看它究竟有哪些令人惊叹的本领。也许，读完本节内容，你就会改变看法，油然而生强烈的民族自豪感和自信心，同时你还会对坚持15年研发这颗卫星的科学家们产生由衷的钦佩与敬意。

“风云四号”卫星是人类征服自然的产物

要了解一件事物，首先必须探究一下它背后的故事。1969年，周恩来总理指示：“要搞我们自己的气象卫星。”1977年，“风云一号”开始研制，拉开了我国“风云”系列气象卫星发展的帷幕。40多年来栉风沐雨，从“风云一号”到“风云四号”，不少科学家从青年步入中年，从黑发变成白发，经受了无数次的挫折与失败，付出了远超常人的心血与汗水。那么为什么必须要研制“风云”系列呢？简单地说，就是为了有效地预测天气，防患于未然。

生活在地球上的人们，自洪荒之始，就开始了与大自然的艰难抗争。风雨雷电，飓风海啸，都是气象变化的结果，小到一日的天气阴晴，大到一年的气候变化，都与我们的生活息息相关。在生产力低下和科技不发达的年代，任何气候条件的恶化，都会造成严重的灾害，或者赤地千里，或者洪水漫延，给脆弱的人们以毁灭性的打击。

能够驯服天气，让我们生活的世界变得风调雨顺，是千百年来来一代又一代人的梦想。但是由于缺乏预测和应对气候变化的有效手段，这个梦想一直无法实现。“地球不需要我们拯救，需要拯救的是人类自己。”这句话近些年来很流行，深刻揭示了人类自身的脆弱和想要改变恶劣生存环境的渴望。

然而，想要驯服自然灾害这头猛兽，是何等难啊！即使科技发展到今天，我们也不敢拍着胸脯说已经征服了大自然，能做的也只不过是在灾难到来之前，有足够的预警时间来避险。

时间回到20世纪50年代，那时候世界各国对于气候的变化基本上束手无策，想要精确预测天气更是天方夜谭。然而，1960年，情况发生了变化，美国发射了全球第一颗气象试验卫星“泰勒斯号”，开启了气象学的新纪元。此后，世界各国纷纷跟进，地球上空出现了越来越多的“气象卫士”，它们时刻监测着全球气候的变化，提前预警灾害，保卫我们地球家园的安全。

“风云四号”就是其中一员。它是我国新一代遥感卫星，具有完全的自主知识产权，攻克了多项世界级难题，填补了3项国际空白，是我国自主研发、科技创新的新标杆，也是我国气象卫星技术从跟跑、并跑转向并跑、领跑的实践者。

“风云四号”卫星可以更加精确地开展天气监测、气候监测、预报预警、数值预报，在台风分析和预报方面，能提供精细化动态信息，为台风定位、定强提供更可靠、更精细的观测资料。此外，“风云四号”卫星还可以为环境监测、人工影响天气、空间天气研究等提供有力支持。自从升空之后，这颗卫星已在台风、暴雨、强对流天气、沙尘、火情、雾霾等监测预报，以及重大气象灾害和生态环境监测评估中发挥了重要作用。

细数“风云”系列卫星

我国气象卫星的研发经过40多年的发展，已经形成了庞大的“风云”系列家族。第一代“风云”卫星的历史可以追溯到20世纪70年代。

我国从1977年开始研制“风云”气象卫星，迄今已经形成了9颗气象卫星在轨稳定运行的宏大布局，具备了高频次、多通道的大气三维探测能力。

从1988年开始，一直到2015年，我国陆续发射了14颗“风云”卫星，分为“风云一号”“风云二号”“风云三号”共3个系列。其中“风云一号”和“风云三号”都属于极轨气象卫星，“风云二号”属于静止轨道气象卫星。这里所说的极轨气象卫星，也叫太阳同步轨道气象卫星，其轨道在地球上空800～1 000千米之间，轨道平面与地球赤道平面夹角为90度，围绕地球南北两极运行，运行周期约115分钟，其优点是覆盖全球，观测领域广阔。而静止轨道气象卫星在地球赤道上空约3.58万千米处，与地球自转同步，相对地球静止，可以观测地球表面1/3的固定区域，能够对同一目标地区进行持续不断的气象观测。

第一代极轨气象卫星“风云一号”分别在1988年、1990年和1999年发射了A、B、C三颗星；1997年和2000年，又先后发射了第一代静止轨道气象卫星“风云二号”A、B两颗星，使我国成为继美国、俄罗斯之后，世界上第三个同时拥有两种轨道气象卫星的国家。

从2004年至今，我国先后成功发射了第2批和第3批“风云二号”卫星。目前，“风云二号”系列有D、E、F、G多颗卫星在轨运行，为我国乃至世界气候监测及天气预报提供了实时动态气象观测资料。

2012年“长征三号”甲火箭搭载“风云二号”气象卫星发射升空

2008年，被称为“奥运星”的我国第二代极轨气象卫星“风云三号”A星成功发射，并实现了四大技术突破：第一个突破，气象卫星从单一遥感成像到地球环境综合探测；第二个突破，从光学遥感到微波遥感；第三个突破，分辨率从千米级精确到了百米级；第四个突破，从国内接收数据变成极地接收数据。技术的突破进一步提高了气象观测数据更新的时效性，从而大幅度提高了我国气象观测能力和中长期天气预报能力，在我国雾霾监测、天气预报、防灾减灾等领域发挥了重要作用。

2010年、2013年和2017年，我国又分别成功发射了“风云三号”B星、C星和D星，加上2008年发射的A星，使得“风云三号”A、B、C、D四星实现组网运行，与美国现役“NOAA”系列气象卫星、欧洲新一代“METOP”气象卫星一起，被国际静止气象卫星协调组织（CGMS）纳入新一代世界极轨气象卫星观测序列，成为全球天基气象观测系统的重要组成部分。

而2016年12月11日顺利升空的“风云四号”气象卫星，是与“风云二号”为同一个系列的第二代产品，也属于静止轨道气象卫星。这颗卫星上面集成了20多项高端技术，代表着中国气象卫星领域的最高水平。

“风云四号”的过人之处

“风云四号”气象卫星是第一代“风云二号”的升级版，性能可与欧美同类卫星相媲美，并且采用的技术更加先进。那么就让我们盘点一下，让微信“变脸”的“风云四号”卫星到底有哪些过人之处吧。

“风云四号”过人之处之一，就是拥有技术先进的卫星平台。“风云四号”卫星包括两个部分，一部分就是SAST-5000卫星平台，是那些高端灵敏气象观测仪器的“家”，另一部分是用于遥感观测的精密仪器设备，安装在卫星平台上。这类气象遥感仪器对外界振动非常敏感，敏感到什么程度呢？你对着仪器吹一口气产生的微振动，都会影响它的观测效果。然而，只要探测仪器正常工作，微振动就不可避免，所以，欧美一些气象卫星技术发达的国家因为无法解决仪器之间互相干扰的问题，只好将观测仪器分别安装在两颗卫星上，这是一种无奈的选择，同时还增加了巨额的成本。

而我国的科学家经过艰难的探索试验，采用力矩补偿技术、星地一体化图像导航与配准技术以及整星隔震系统，终于解决了将四种不同功能的仪器安装在同一颗卫星上面的难题，实现了仪器协调运转，技术达到了国际领先水平，节省的资金也非常可观。

另外，“风云四号”的卫星平台是具有角秒级测量和控制精度的高轨三轴稳定卫星平台，采用了六面柱体构型，具有承载能力大、质心低、力学响应小、对地面大等优点，被誉为我国“最强定量遥感卫星平台”。这个平台采用的另一项核心技术就是“三轴稳定技术”，而“风云二号”静止轨道卫星平台采用的是“自旋稳定技术”，那么这两种技术有何区别呢？

卫星自旋稳定技术采用的是类似陀螺旋转的自旋稳定结构，技术难度相对较小，但缺点很多。因为自旋稳定气象卫星自转轴与轨道平面近于垂直，成像仪器又安装在卫星侧面，这样东西向扫描成像只能依靠卫星的自旋实现，而南北向扫描成像只能借助仪器本身实现。由于地球在静止轨道卫星里的视角只有18°，因此卫星每自转一周，只有20%的时间朝向地球，其他大部分时间都在扫描太空，观测效率不高。而三轴稳定卫星是在相互垂直的三个轴向上都进行姿态控制，不允许任何一个轴向产生超出规定值的转动和摆动，这样可以保证成像仪器始终对准地球，实现了对地球的24小时“凝视”，极大地提高了观测效率。

“风云四号”过人之处之二，就是配有先进的遥感观测仪器。“风云四号”搭载了4台功能迥异的高端仪器，分别是多通道扫描成像辐射计、干涉式大气垂直探测仪、闪电成像仪和空间环境监测仪。它们主要承担哪些观测任务呢？

首先来看多通道扫描成像辐射计。气象卫星主要通过辨识不同温度的辐射来观测地表状况。“风云四号”通过逐行扫描的方式来辨识温度的辐射从而观测整个半球，然后拼出完整图像。好比用多个栅条合成一个百叶窗，每个栅条之间既不能有缝隙，又不能大面积重合，观测误差不超过1千米，技术难度极高。另外，在遥感技术中，一台成像仪能接收几个通道的电磁波，就称为几通道成像仪。“风云四号”安装的多通道扫描成像辐射计，接收通道从5个扩展到了14个，覆盖了可见光、短波红外、中波红外和长波红外等14个波段，空间分辨率从1.25千米提高到了500米。“风云四号”对地面温度的测量误差小于1℃，只要发生0.1℃的变化就能感知出来；而且每15分钟即可对东半球扫描一次，时间效率提高了1倍。与国际同类卫星相比，“风云四号”A星的14通道扫描成像辐射计已经达到了国际先进水平。

其次是干涉式大气垂直探测仪。“风云四号”上面首次装载了干涉式大气垂直探测仪，使我国首次实现了静止轨道红外高光谱探测，光谱探测通道达1 700个，可在垂直方向上对大气结构实现高精度定量探测，相当于对大气进行CT扫描，进一步提高了天气预报的准确性。

“风云四号”气象卫星效果图 ▶

再次就是闪电成像仪。一般而言，雷电往往伴随着暴雨等强对流天气，所以，闪电监测是观测和跟踪强对流天气的一个新手段。“风云四号”上面搭载的闪电成像仪采用高速成像技术，1秒钟能拍500张闪电图，可以准确记录闪电的频次与强度，同时还能智能地把闪电事件从大量照片中挑选出来。

最后是空间环境监测仪。它可对太阳活动、地磁环境、电离层和高层大气环境以及卫星运行环境等进行预报，为航天器和航天员提供环境预警。

“风云四号”初战告捷

“风云四号”气象卫星自从成功入轨之后，便马不停蹄地开始了观测工作。2017年2月27日，“风云四号”公布了首批图像与数据，标志着我国静止轨道气象卫星成功实现了升级换代。据专家介绍，这是世界上第一幅静止轨道大气高光谱图的正式亮相，也是我国首次获取到彩色卫星云图和闪电分布图。

2017年5月3日至7日，对于我国北方最强沙尘产生的过程，国家卫星气象中心首次利用“风云四号”进行全程监测，三通道彩色合成的图像能够清晰区分沙尘覆盖区域，识别沙尘的纹理结构。

2017年5月14日至15日，北京举办“一带一路”国际合作高峰论坛，国家卫星气象中心参与到每日“一带一路”专项服务保障天气会商中，利用“风云四号”收集的资料，对北京及周边地区可能出现的降雨、大风、沙尘等天气进行持续监测分析，为论坛的成功举办提供了必要的服务。

2017年，我国南方进入汛期以后，在台风频繁形成、发展和登陆期间，“风云四号”卫星启动加密观测模式，5分钟一组，对中国及周边区域高频次连续观测，监控“泰利”“天鸽”等台风的生成和运行路径，进行了及时、准确的预报，最大限度地减小了损失，使我国台风预报跨入世界领先水平。

2017年9月25日，“风云四号”正式交付中国气象局。以后，“风云四号”还将在台风、暴雨、强对流天气、沙尘、火情、雾霾等监测预报，以及重大气象灾害、生态环境监测评估、重大活动保障中发挥它的威力，特别是在服务我国军民融合发展战略、践行“一带一路”倡议等方面发挥重要作用。

碳卫星：尽职尽责的“地球体检师”

2018年1月，一场罕见的低温风暴袭击了美国东海岸地区，一时间冰天雪地，其中就有令人胆寒的“炸弹气旋”，其巨大威力使得局部地区的气温接近 -50 ℃。有人夸张地说，体感温度甚至比火星还要冷。美国当局警告，裸露的皮肤在空气中暴露10分钟就会被冻伤。暴风雪导致交通大瘫痪，纽约最繁忙的肯尼迪国际机场几乎停摆，全美有3 400多趟出入境航班延误。放眼望去，无论是高楼大厦，还是巍峨大桥，都变成了面目狰狞的冰雪怪兽，让人恍然进入了灾难电影《后天》的可怕场景之中。这就是可怕的极端天气对城市的蹂躏和袭击。

除了严寒，还有酷暑，还有飓风与海啸、干旱与洪涝，这些自然灾害破坏力惊人，造成的损失不可胜计。其实这一切的罪魁祸首都与“温室效应”有关。所谓温室效应，是指大气中的水汽、二氧化碳、氧化亚氮、甲烷以及臭氧等温室气体，对地球的保温作用。据研究，上述这些气体对太阳短波辐射吸收很少，而对地表长波辐射吸收很多。所以，空气中温室气体的含量增加，就会影响地表和大气的辐射平衡，从而导致地表的平均温度上升，对全球气候的变化造成直接影响。

空气中，二氧化碳虽然只占0.031%，但对温室效应的贡献率却高达26%。当前，化石燃料的燃烧和其他相关的人类活动，每年向大气中排放的二氧化碳接近300亿吨，浓度达到了80万年来最高水平。

根据全球气温监测数据可知，从20世纪50年代开始，约有50%以上区域的地表气温升高。而在1951年到2010年的60年中，全球地表平均温度升高了1.38 ℃，平均每十年升高0.23 ℃。二氧化碳作为造成温室效应的主要气体之一，对气候的影响越来越大。全球极端天气的频频爆发，也给人们的生命财产带来了威胁。如今，气候的剧烈变化成了悬在人类头上的一把利剑，如果再不做出改变，未来将不堪设想。世界各国必须尽快行动起来，打一场事关人类存亡的气候保卫战。

要想打赢这场战争，就要围绕关键问题进行研究。第一，如果二氧化碳浓度持续上升，温度会不会持续上升？气候系统对二氧化碳的变化有什么样的反应？第二，每年自然界和人为因素分别向大气中排放多少二氧化碳，地球系统能够吸收其中多少？

因此，要想打赢这场气候保卫战，前提是要对全球大气中的二氧化碳含量进行准确测量和监控，时刻掌握其浓度的变化和分布情况。这个想法很好，但是想要达到这个目的，难度是非常高的，因为科学家们要监控的是整个地球的大气层，既包括有人居住的陆地，也包括无人居住的大海，而且还要对某个地区大气层中的二氧化碳浓度的细微变化了然于心。可以说，没有高超的技术手段和先进的仪器设备，想要完成这个工作，是根本不可能的。

事实也是如此。目前，列入世界气象组织（WMO）全球大气观测计划的站点仍非常有限，全球大气本底监测站为31个，区域大气本底监测站也只有400多个。这些站点可以帮助科学家掌握全球平均的大气二氧化碳信息，但这还远远不够，因为还有很广袤的区域没办法涉足，那就是无边的沙漠和浩瀚的大洋，那里无法安设探测二氧化碳浓度的仪器，从而造成二氧化碳数据的缺失和不完整。这样一来，要想解决前面提到的那几个科学问题就不容易了。

那么有没有其他办法解决监测全球大气二氧化碳浓度这一难题呢？有的，那就是发射专门测量大气中二氧化碳浓度的卫星，俗称“嗅碳卫星”或“碳卫星”。为了更好地认识碳卫星的先进之处，就让我们回顾一下科学家在探索该技术领域过程中所付出的辛劳与汗水吧。

探索监测二氧化碳的方法

对于监测大气二氧化碳浓度的科学家们而言，最好的成果是有一幅全球二氧化碳浓度分布图，将全球大气二氧化碳浓度的准确数据和未来变化情况了然于心。但是，由于技术手段的落后，在很长的时间里，科学家们都没有办法得到想要的成果。那么，在发射碳卫星之前，世界各国是如何监测大气中二氧化碳浓度的呢？

无论是国内还是国外的科学家，为了获取大气二氧化碳浓度的数据，想尽了各种办法，虽然技术还存在不足，但至少起到了一定的作用。在发射碳卫星之前，有两种可行但是并不完美的办法一直在使用，俗称“地基模式”和“空基模式”。那么，这两种监测模式是什么意思呢？

所谓“地基模式”，就是在地面建立多个观测站观测和记录二氧化碳浓度的方法。这种技术始于1958年，由美国科学家查尔斯·基林在夏威夷的莫纳罗亚山上建立起全球首个大气二氧化碳浓度监测站，开启了全球二氧化碳监测的先河。如今，这项工作是由美国国家海洋和大气管理局的地球系统研究实验室承担，分别由美国阿拉斯加州的巴罗天文台、夏威夷的莫纳罗亚天文台、萨摩亚群岛天文台和南极洲上的天文台共同监测大气中气体成分的长期变化情况，同时承担全球气体采样网络，提供大气中二氧化碳的空间变化。目前，全球设置的二氧化碳地面观测点大部分位于美国和欧洲，对于美国和欧洲之外的地区，包括海洋和沙漠，因缺乏站点，无法做到有效监测。

“空基模式”是借助飞机和热气球等飞行器监测二氧化碳浓度的方法。科学家们利用飞机在指定的区域内进行观测，精度可达0.1 ~ 0.2 ppm（ppm指百万体积的空气中所含污染物的体积数）。如今，美国的飞机参与了多个项目的空基测量，而日本的空基测量则是利用民航飞机飞往澳大利亚、美国，以及欧洲和亚洲其他国家的机会，在飞机上搭载探测仪器进行温室气体的测量。除了利用飞机之外，利用热气球测量二氧化碳浓度，也是一个较好的办法。

“地基模式”和“空基模式”虽然取得了一些成果，但是面对占据全球面积70%以上的海洋和沙漠而言，这些监测成果零碎、不完整，只能提供局部大气层中二氧化碳的浓度，犹如盲人摸象，无法对全球大气进行整体监测。另外，地基和空基测量方法都存在明显的局限性，地基测量技术空间覆盖度低、容易受到沙漠和高山等地形条件的影响，并且维护成本较高。而空基测量技术则需要依托飞机和热气球等工具才能实施，很容易受到恶劣气候的影响。同时飞机和热气球的航线也是固定的，测量范围狭窄，只能获取局部的二氧化碳浓度数据，无法完成对全球大气中二氧化碳的浓度测量，更不要说绘制全球二氧化碳浓度分布图了。

既然上述两种办法都不尽如人意，就只能探索第三条路了，那就是发射碳卫星，对全球大气层中二氧化碳浓度进行全面监控。这个办法可行，但是难度非常之高，即使是科技最发达的美国，第一次发射碳卫星也以失败收场。

千呼万唤始出来的碳卫星

地基和空基监测技术虽然解决了部分问题，但是还不能满足对全球大气二氧化碳的全面监控，寻找更加有效的监测手段就顺理成章。发射碳卫星就是目前最好的选择。利用碳卫星监测二氧化碳浓度还有一个很时髦的术语叫“星载模式”，就是通过卫星平台上搭载的各类科学探测仪器，对地球大气层中二氧化碳的浓度进行实时监测。这一模式具有统一、连续、覆盖范围广的优势，从而可绘制全球二氧化碳的浓度图，为科学家们研究气候变化提供数据支持。

然而，星载监测技术虽然很高端，能够对全球大气二氧化碳的浓度变化进行监测，但是实现的难度非常大。难到何种程度？全球近200个国家，目前只有日本、美国和中国掌握了这项技术。其中，日本和美国属于这个技术领域的开拓者，中国则后来居上，形成了三足鼎立的局面。

美国和日本的碳卫星采用的技术都是基于日光反射式被动探测原理，即利用卫星上的望远镜，收集地表反射的太阳光，并对其进行分析，进而得到全球二氧化碳的分布图。

美国碳卫星OCO（Orbiting Carbon Observatory）的研发由美国加州理工大学喷气推进实验室负责，这是美国国家航空和宇宙航行局（NASA）地球系统科学开发计划的重要组成部分。这颗碳卫星号称是测量大气二氧化碳浓度空间分辨率最高，并且测量数据最精准的卫星，卫星的测量采样率每天高达5×10^5~1×10^6次，视场分辨率为3平方千米。这里所说的“视场”，指的是卫星摄像头能够观察到的最大范围，视场越大，观测范围就越宽。

美国发射碳卫星一波三折。2009年第一次碳卫星OCO的发射，由于整流罩没有与第三级火箭分离，导致发射失败，卫星坠毁，技术发展遭受巨大挫折。

随后，美国继续研制了碳卫星OCO-2，一直到2014年才发射成功，总造价高达4.68亿美元。而日本的碳卫星GOSAT（Greenhouse gases Observing Satellite）发射就顺利得多，这颗卫星是日本宇宙航空研究开发机构、日本环境省（相当于中国环保部）和日本国立环境研究院联合研发而成的，搭载了一台傅里叶变换光谱仪，用于探测二氧化碳和甲烷的浓度；还搭载了一台云（气）溶胶探测仪，用于提高温室气体测量的精确度。卫星于2009年1月23日发射成功，至今已经服役多年。

▲ 美国的COC-2卫星

中国碳卫星更胜一筹

毋庸置疑，美国和日本作为先驱者，发射的碳卫星为全球范围内监测大气中的二氧化碳浓度做出了开创性贡献。然而，不管是美国发射的OCO-2，还是日本发射的GOSAT，都存在技术上的不足。那么，两家的卫星都有哪些需要改进的地方呢?

对日本的GOSAT而言，它每天的有效观测点只有300多个，相当于在地球的几十万平方千米范围内只有一个观测点，并且最小只能探测到10千米范围内大气中二氧化碳的平均值，测量精度和范围都不高。也就是说，日本碳卫星的探测范围太小，获取的成果有限。

美国OCO-2的空间分辨率虽然提高了2千米，但是这颗卫星的个头较小，只搭载了一台观测二氧化碳的仪器，对于大气中的气溶胶信息则无能为力，而大气中的气溶胶浓度又对二氧化碳测量精度影响非常大。气溶胶是由微小的固体或液体分散、悬浮在气体中形成的，其微粒大小为1~100纳米。诸如空气中的云、雾、尘埃，锅炉和汽车冒出的烟，采矿、采石场和粮食加工时所形成的固体粉尘，人造烟雾等都是气溶胶，这些悬浮颗粒就像捣蛋鬼，影响了观测大气二氧化碳浓度的精确度。打个比方，气溶胶就相当于音乐中的背景噪音，剔除后音乐才会更加悦耳。而美国卫星缺少探测气溶胶的仪器，使其测量的二氧化碳浓度的精确度打了折扣。总之，美国的碳卫星功能还不够强大。

我国自主研发的碳卫星攻克了20多项关键技术，克服了重重困难，终于在技术水平上上了一个台阶，并于2016年12月22日在酒泉卫星发射中心搭载“长征二号丁”运载火箭发射升空。我国碳卫星采用的英文名字“TanSat”有特定的含义，“Tan”其实就是汉字“碳”的拼音，而“Sat”是卫星的英文“satellite”的缩写，合起来就是“碳卫星”。

我国发射的碳卫星全称叫“全球二氧化碳监测科学试验卫星”，重约620千克，在距地约700千米的太阳同步轨道上运行，装有高精度二氧化碳探测仪和多谱段云（气）溶胶探测仪，用来获取全球包括我国重点地区大气二氧化碳浓度分布图，测量精度优于4 ppm，能发现大气二氧化碳1%的浓度变化，达到了国际先进水平。

我国碳卫星装载的高精度二氧化碳探测仪有2 000多个通道，光谱解析度极高。大气在太阳光照射下，其中的二氧化碳分子会呈现出光谱吸收的特性，碳卫星通过精细测量二氧化碳的光谱吸收线，就可以反演出大气中二氧化碳的浓度。卫星每隔16天可完成一次地球二氧化碳测绘，最小能测量地面2平方千米范围内的二氧化碳浓度。

当碳卫星采集到原始数据后，传送汇集至中国气象局国家卫星气象中心，研究人员再将数据进行处理，并结合地面监测站的数据，对信号进行反演，最终得到精度在1~4 ppm的全球二氧化碳浓度数据。

与日本的碳卫星相比，我国碳卫星的扫描宽度是20千米，是日本的两倍；有效采样点数也是日本的10倍以上。而且我国的碳卫星还专门搭载了一台多谱段云（气）溶胶探测仪，这是美国的OCO-2所没有的，它可在观测二氧化碳的同时，对大气中的气溶胶进行联合观测，从而解决“噪音”干扰问题。

中国碳卫星取得的技术突破

我国的碳卫星研发开始于2011年，其研发的主要目的是为了打破国外的技术垄断，掌握更多的话语权，同时为应对全球气候变暖献计献策，最终做到资源共享，为全人类的福祉做出贡献。

2011年，国家启动实施“863计划”、“十二五”重大项目——“全球二氧化碳监测科学试验卫星与应用示范”研究，由中国科学院国家空间科学中心负责工程总体组织实施，中国科学院微小卫星创新研究院负责卫星系统，中国科学院长春光学精密机械与物理研究所研制有效载荷，中国气象局国家卫星气象中心负责地面数据接收、处理与二氧化碳反演验证系统的研制、建设和运行。

由于碳卫星研发的技术难度很高，我国的科学家攻克了最关键的三个技术瓶颈，使得卫星的性能达到了前所未有的高度。这三项技术突破分别是：200毫米×200毫米的大面积衍射光栅技术、光学遥感定标技术和卫星姿态控制技术。

大面积衍射光栅技术使得观测精度达到了原子级别，可以对二氧化碳的吸收光谱进行细分，能够探测2.06微米、1.6微米、0.76微米三个大气吸收光谱通道，最高分辨率达到0.04纳米，如此高的分辨率也创造了国内光谱仪的最高纪录。

光学遥感定标技术犹如一杆秤的刻度，刻度越精准，测量数据准确度越高。

卫星姿态调整技术，就是根据需要调整卫星的观测角度和位置，保证它能按要求开展工作。比如，碳卫星可以“竖着看”“斜着看”和“盯着看”，每种观测方式获得的数据也有差别。竖着看，可开展地面二氧化碳的观测；斜着看，可获取海面上空的二氧化碳数据；盯着看，顾名思义就是卫星在飞行过程中，始终瞄准一个特定目标进行观测。

2017年10月24日，地球观测组织（GEO）第14届全会“中国日”展览活动上，中国代表宣布首颗全球二氧化碳监测科学试验卫星的数据将对全球用户免费开放。国内外用户可以登录中国气象局国家卫星气象中心数据服务网站或者中国国家综合地球观测数据共享平台，免费进行数据检索下载，充分体现了中国是一个勇于承担责任和义务的大国。中国也成为继美国、日本之后，第三个可以提供碳卫星数据的国家。

期待中国的碳卫星在这场全人类的气候保卫战中贡献更大的力量。

通信·信息篇

通信技术的突飞猛进，让人与人之间的沟通和联系变得异常方便，可以随时随地进行，不受时间和空间的制约。有人活动的区域，信息洪流便奔腾不息。方便快捷的通信手段，如今已成为我们生活的必需，变得理所当然。然而20多年前，这一切都是科幻小说中想象的事物。很多出生在20世纪80年代以前的人们，应该对在邮局排队打电话的情景不陌生，更对动辄几千元的电话装机费记忆犹新。渐渐地，满大街出现了IC卡（集成电路芯片卡）电话，人们不用去邮局排队了。后来，电话装机费也取消了，普通固定电话走进了千家万户。

早在1987年，开风气之先的广东省就建立了中国最早的移动通信网，首批700名用户成了最早手持“大哥大”手提电话的人，他们大多是腰缠万贯的大老板，拿着“大哥大”打电话，很有派头，惹人羡慕。然而几万元一台的“大哥大”，是普通消费者难以承受的。这种情形在20世纪90年代末发生了很大变化，物美价廉的“蜂窝”手机成为时尚首选，通信技术进入了移动信息时代。再后来，随着移动互联网的崛起，智能手机不仅能进行手机支付，实现无现金交易，而且还因为其强大的功能，成为人们不可或缺的“贴身管家”。

虽然日新月异的通信技术即将进入“5G”时代，但是通信领域在很长时间里存在两大难题亟待解决，一是通信信息的加密技术，二是很多信息孤岛需要被打破。这两方面，国内外的科学家们都在潜心研究，攻坚克难。经过激烈的角逐，我国科学家取得了突破性进展，量子通信的崛起，让信息不可破解成为可能。“墨子号”量子科学实验卫星的发射升空，在全球范围内一骑绝尘，将其他国家远远甩在身后。而打破信息孤岛的高通量通信卫星“实践十三号”，更是把我国带入了高通量时代，体现了一个国家的综合实力和技术水平。

在计算机技术方面，我国因为历史原因，错过了第一次信息技术革命，以致在微电子领域一直受制于人。不过，虽然我们在微电子技术领域落在了别人的后面，但是在大型计算机研发方面却奋起直追，由弱变强，实现赶超。从“银河”到“天河”，再到“神威·太湖之光”，大型计算机虽然没有进入千家万户，但是在国防军事等尖端科技领域中却发挥着必不可少的作用。没有这些大型计算机，就无法研制导弹、氢弹、潜艇、甚至航母等尖端武器，也就没有强大的的能力来保家卫国。

还有人工智能领域，我国年轻的科学家们也正引领着世界的潮流，他们研发的“寒武纪”人工智能芯片，是世界上第一款深度学习处理器芯片，可以说是站在了行业的制高点，为推动我国人工智能技术的发展，做出了卓越的贡献。

本篇将带领大家逐一领略这四个技术领域的伟大成就，感受强大的科技带给我们的震撼。

“墨子号”：验证量子通信的大功臣

如果我们不谈怪力乱神的迷信，你认为在科学领域最不可思议的事情是什么？哪些科学虽然违背了我们的直觉，却被证明是正确的？你也许会举出很多例子，诸如野人、大脚怪等等。其实，这些都是错误的，科学家们已经证实这些是不存在的。那究竟什么东西这么神奇呢？答案是量子力学。量子力学里面有很多不可思议的现象，既让人着迷，又让人绞尽脑汁想要一窥究竟。

量子力学中令人不可思议的现象有很多，其中最著名的是“量子叠加态”和“量子纠缠”。它们不但违反直觉，还很容易让人一头雾水，从而被一些别有用心的人利用。比如，有些“民间科学家”将量子力学的这两个反常现象与人的灵魂联系在一起，大肆宣传伪科学，在社会上造成了不好的影响。

实际上，量子叠加态和量子纠缠是真正的科学，利用这两个特性，科学家们不但能够制造量子计算机，还能实现量子通信。就拿量子通信而言，我们国家虽然起步较晚，但是起点很高，并且经过十多年的努力，如今已走在了全世界的前列，成为了该领域的领跑者。

我国在2016年8月16日成功发射的“墨子号”量子卫星，就是为了验证天地之间量子通信的可行性而研发的。它上天之后，承担了三项重要的科研任务：一是完成卫星与地面的量子密钥分发实验，从而实现了广域的量子保密通信；二是对量子力学本身的原理进行检验，主要是为了验证量子纠缠的正确性；三是与奥地利的量子通信网互联，证明建设全球规模的量子通信网络是可行的。

▲ 2016年8月16日凌晨1时40分，“墨子号”量子科学实验卫星在酒泉卫星发射中心成功发射

由于量子具有不可分割性和不可复制性，应用到通信上面，就使得这种通信方式完全不能被破解，可以保证100%的通信安全。不可破解的特性让量子通信具有非常大的应用价值，不但能够为国家通信安全提供最有力的武器，而且对于普通用户的通信隐私也可起到保护作用。总而言之，量子通信是一场翻天覆地的技术革命，在军事、政治及金融领域都有极为广阔的应用前景。

下面就让我们一起走进量子世界，窥探一下量子通信的奥秘，欣赏一下“墨子号”的风采。

量子力学中的两大神奇现象

在进入量子世界之前，我们首先要学习一个概念，即什么是量子？量子是最小的、不可分割的能量单位。我们听过的分子、原子、电子都是量子的不同表现形式。也可以说，世界都是由量子组成的，而我们每个人，都是24K纯量子打造的。量子的基本特征就是不可分割性，这个特征在量子通信中起到的作用非常大，后面就会谈到。量子力学里有两个神奇的现象，一是量子叠加态，二是量子纠缠。量子叠加态对于宏观物体并不适用，只有在微观世界才起作用。为了便于理解，我们用“薛定谔的猫”来解释量子的这种特性最为直观、形象。“薛定谔的猫”是一个思想实验，说的是在一个盒子里，放着一只猫，这只猫同时处于死亡与活着的叠加态，只要外面有人往盒子里看，处于叠加态的猫或者变成死亡状态，或者变成活着的状态，二者必居其一。这就意味着当有人往盒子里看的时候，猫的叠加态就坍塌了，变成了明确的状态。量子叠加态的这种特性，在通信中非常有用，是其不可被破译的最主要的原因。

量子纠缠则是爱因斯坦在反击量子力学的时候首次提出来的，这种特性十分不可思议，被认为是“幽灵般的超距作用”，违背了人们的直觉和常识，至今无法用科学解释。量子纠缠指的是在多粒子量子系统中，一对具有量子纠缠态的粒子，即使相隔极远，当其中一个状态改变时，另一个的状态也会即刻发生相应改变。这意味着两个纠缠在一起的量子，就像有心电感应的双胞胎兄弟，不管相隔多远，当哥哥的状态发生变化时，弟弟也跟着发生同样的变化。

两个纠缠的粒子，还有一种更加离谱的特性，就是无论相隔多远，其中一个粒子的信息可以原样复制到另一个粒子上面，就相当于一个人瞬间从一个地方穿越到了另外一个地方。量子力学里的这两大神奇现象，犹如科幻小说中的时空穿越一样令人感到不可思议，但均已被证明是真实存在的，它们是量子通信的基础。

量子通信绝对安全

早在古代战争中，军队之间传递信息就要加密，以防被敌人截获后获取到机密情报。由于那个时候科技比较落后，信息加密手段还很原始，破解信息也不费力气。随着科技的不断进步，信息加密的手段层出不穷。第二次世界大战时期，还发明了密码机和破译机，敌我双方在密码战中斗智斗勇，谁掌握了最高超的加密和破解手段，谁就更可能在战争中占据主动权。

进入信息社会之后，从理论上讲，通过强大的计算机算法，就可以创造出几乎无法被破解的密码。然而，这些加密手段终归是不完美的，不存在不可被破解的密码，只要计算机功能足够强大，不可被破解的密码最终都会败下阵来。

1977年，美国的三位年轻科学家罗纳德·李维斯特、阿迪·萨莫尔和伦纳德·阿德曼共同提出了“RSA公钥加密算法”，用于数据加密。他们公开宣称，想要破解这个加密信息需要4万兆年，隐含的意思就是，即使宇宙灭亡密码也不会被破译。结果这个加密方式只保持了17年就被破解了。1994年，来自世界五大洲的600多位研究人员使用了约1 600台计算机，花了8个月时间就攻克了这座堡垒，让保密4万兆年成了一个笑话。

不过量子通信的加密信息是永远无法被破解的。为何量子通信敢夸下如此大的海口？因为量子通信是建立在量子叠加态和量子不可分割、不可复制的原理上的。当量子处于叠加态的时候，它有多种不同的状态同时存在，就像孙悟空同时存在很多个分身一样。只有在被观测或被测量时，量子才会随机地呈现出某种确定的状态，也就是说，只要受到外界干扰，量子叠加态就会消失，量子就会变成确定的某一种状态。

科学家们利用这个特性，在双方通信的时候，将随机制造的量子密钥附在加密信息上面。这把密钥，只有通信双方能够识别。当信息从发送一方到达接收一方后，双方通过验证密钥，来确定接收信息的正确性。而密钥分发遵循一定的规则，这个规则是由两个北美科学家制定的。世界上首次创建量子密钥分发协议的是IBM公司的查尔斯·H·班尼特和加拿大蒙特利尔大学的吉尔斯·布拉萨德，这两位科学家在1984年提出了通过量子技术进行密钥分发的方案，简称“BB84协议”，从而为量子通信的发展描绘了蓝图。

当有人想要窃密时，一旦他截获到量子信息，就会触发密钥，此时量子叠加态立刻塌缩，信息发送方会探测到这一情况，从而将原密钥作废，重新发送新的密钥。同时，鉴于量子的不可复制性和不可分割性，窃取方想要复制和分割信息都是不可能的，从而保证了量子通信的绝对安全。《自然》杂志的物理科学主编卡尔·齐姆勒斯认为，量子密钥是保障通信极高保密性的关键。他说：“在没有密钥的情况下，是无法读到这些信息的，如果有人窃听了你的密钥，量子力学的原理保证了你一定会知道，从而让你通信的安全性又上了一个台阶。”

举个例子，例如甲、乙二人要进行保密通信，甲发出的光子信息状态有水平、竖直、45°等多种状态，如果有人窃听，不必担心，因为会产生如下结果：

第一，窃听者不能把光子分成一模一样的两半，因为光子不可分割；第二，窃听者不能复制信息，因为甲发出的光子信息有多种状态，随机性非常大；第三，窃听者把光子截获，乙接收不到信息，也就不存在窃听。所以无论怎样，根据量子力学原理，窃听都会被发现，且一旦被发现，原有密钥立即作废，甲就需要传送新的密钥，“一次一密”，完全随机。所以，利用量子不可复制和不可分割的特性，可以实现量子密钥的安全分发，实现不可破译的保密通信。

而量子纠缠则具备“幽灵”般的能力，哪怕两个互相纠缠的量子相隔几百万千米，其中一个量子的状态发生变化时，另一个量子也会发生同样的变化，并且是瞬间完成的。科学家们推测，量子纠缠是非局域的，即两个纠缠的粒子无论相距多远，测量其中一个的状态必然能同时获得另一个粒子的状态，这个状态的获取是不受光速限制的。物理学家自然想到了是否能把这种跨越空间的纠缠态用来进行信息传输，于是基于量子纠缠的量子通信便应运而生。

为何要发射“墨子号”量子卫星

2016年8月16日，我国成功发射了世界首颗量子通信卫星“墨子号”，成为全球第一个实现卫星与地面之间进行量子通信的国家。除量子卫星“墨子号”之外，我国还在地面上建立了连接北京、上海，贯穿济南、合肥，全长2 000余千米的量子通信骨干网络，即我国量子密保通信“京沪干线”，从而构成“天地一体化”的通信网络，为将来建立全球化的量子卫星通信网奠定了基础。

那么，我国为何要研究并发射量子通信卫星呢?

原来，量子通信虽然是一次技术革命，但是在地面通过光纤传输的时候，存在致命的弱点，就是光子在光纤中传输时损耗太大。按照中国科学院院士潘建伟教授的说法，“就好比一支拥有100万人的队伍，到最后可能只剩下几个人，花了很长时间才能抵达目的地。”由于信息传输受制于光纤，不能释放大量子通信信号，导致在远距离上传递信息效率很低。虽然科学家们想要通过量子中继手段解决这一难题，即分成若干段传输来降低每一段的损耗，但是距离实用还很遥远。而我国科学家却另辟蹊径，找到了一种完美的解决办法——利用卫星进行量子通信!

▲ “墨子号”量子卫星假想图

2005年，在全球量子通信研究领域中首屈一指的科学家潘建伟院士带领他的团队完成了一个创举，即在世界上首次实现了13千米自由空间量子通信实验，证明光子穿透大气层后，其量子态能够继续有效保持，损耗较少，从而验证了星地量子通信（卫星与地球之间的量子通信）的可行性。再通过发射量子通信卫星作为中继站，就可以实现几千公里（1公里＝1千米）范围内的通信，甚至构建覆盖全球的量子通信网络。

当然，我国发射的这颗量子通信卫星，只是为了实验用的，其科学目标是开展四项实验，即星地高速量子密钥分发实验、广域量子密钥网络实验、星地双向量子纠缠分发实验和空间尺度量子隐形传态实验。这些实验将通过“墨子号”发射经编码的，甚至是纠缠的光子到地面，然后地面系统来接收光子。

这种光子的发射与接收好比针尖对麦芒。如果把光量子看成一个个1元硬币，“星地实验”就相当于要从在万米高空飞行的飞机上，不断把硬币扔到地面上一个不断旋转的储蓄罐中，不但要求这些硬币击中这个储蓄罐，而且还得让硬币准确地穿过储蓄罐细长的投币口，然后源源不断地进入储蓄罐内。这实现起来有多难，我们可以自行想象一下。

“墨子号”量子卫星不辱使命

“墨子号”量子卫星在2017年1月18日正式开展实验后，立刻收到了高质量的数据，原本准备做一年的实验，两个月就完成了。“在星地实验过程中，‘墨子号’量子卫星每天经过地面站一次，每次300秒，卫星以每秒一对的速度向地面站发送纠缠量子对，很快就积累了几千个数据。”潘建伟说。

2017年6月16日，潘建伟院士带领的团队在《科学》杂志上发表论文宣布，“墨子号”量子卫星成功实现了“千公里级”星地双向量子纠缠分发实验。8月10日，中国科学院宣布“墨子号”量子卫星完成了星地高速量子密钥分发和地星量子隐形传态两大科学实验目标。至此，“墨子号”提前并圆满完成了全部的三大既定科学目标。在卫星的服役期内，“墨子号”将继续引领世界量子通信技术的发展，完成更多的科学实验。

继中国“墨子号”之后，国际上掀起了一股量子空间实验的热潮。欧盟启动了量子实验卫星项目，加拿大已为量子卫星立项，美国科学家也呼吁恢复量子卫星项目，日本、德国也开始跟进。

中国在这一领域占到了先机。“这是我迄今最重要的成果！”潘建伟教授从未如此高调地评价过自己的成绩，“未来我们还想发射中高轨卫星，使现在一天仅几分钟的实验时间可以进一步延长，甚至全天候工作。”“量子纠缠分发的距离还需要拓展到至少几万公里。”他说。

正如我国科学先贤墨子带给我们文化自信一样，“墨子号”不辱使命，给予了我们强大的民族自信。让我们一起期待量子通信的未来！

“实践十三号”：打破信息孤岛

现代信息技术的突飞猛进，给我们的生活带来了翻天覆地的变化。端坐家中，只要有光纤宽带，最新资讯便唾手可得；走在街头，只需一部手机，就可吃饭、购物“无所不能”。通信技术实实在在地改变了我们的生活，提高了我们的幸福指数。

但是在通信领域，还存在诸多不足，比如在我国自主研发的高铁动车“复兴号”正式投用之前，很多人乘坐“和谐号”动车出行的时候，都会遇到手机信号时好时坏甚至彻底中断的情形。想想看，无法在长途旅行期间上网冲浪，聊天看视频，那种滋味确实不好受；对于需要通过移动互联网洽谈业务的人来说，更是一种极大的不便。人们之所以在这类高速移动的交通工具上无法畅快地上网，是因为存在一定的信息孤岛，使得移动信号无法登陆这个区域。

除高铁动车之外，驶入深海的远洋轮船、人迹罕至的戈壁沙漠、时光停滞的偏远乡村、与世隔绝的山川森林等，都存在信息孤岛。只要进入这些区域，手机信号便躲起了猫猫，移动互联几近瘫痪，人们被阻隔在现代世界之外。

为何会出现信息孤岛呢？除了高速移动互联技术这个门槛需要攻克之外，也不可能通过铺设光纤来解决远洋轮船在茫茫大海中的通信问题。而在偏远乡村、戈壁沙漠、深山密林中，无法使用现代化通信技术是因为铺设光纤有地域限制。在这些地区，光纤铺设和维护的成本很高，如在贵州、云南等地，为一个只有10多户的小山村铺设一根10千米长的光缆，就需要花费近1 000万元人民币，从商业角度考虑实在不划算。

那么，有没有办法解决信息孤岛这个难题呢？有没有措施让我们无论身处何方，都能享受到便捷的宽带和移动通信服务呢？答案是有的，这就是我们今天要重点介绍的高通量通信卫星“实践十三号”。这颗卫星到底有何神奇之处，会给我们带来哪些便利，让我们拭目以待。

聊聊这些专业术语

2017年4月12日，我国高通量通信卫星“实践十三号”成功发射升空，打破了国外公司在高通量卫星市场的多年垄断，这不仅仅是通信领域的巨大进步，更是造福亿万民众的惠民技术。“实践十三号”是截至目前高通量通信卫星里面最高端的一颗。

由于通信技术的专业性很强，涉及很多专业术语，不容易理解，所以在介绍“实践十三号”之前，我们有必要对一些必需的专业术语做一个简单介绍，以便更好地理解高通量通信卫星的厉害之处。

我们先来介绍第一个专业术语——“高通量通信卫星”。这个概念是2008年由美国北方天空研究公司提出的，其英文名为“High Throughput Satellite”，简写为“HTS”，是一种采用多点波束、频率复用和高波束增益等技术的高吞吐量通信卫星，属于Ka频段多波束宽带通信系统。

在这个定义里面，又出现了四个专业术语，“多点波束”“频率复用”“高波束增益”和“Ka频段”，分别是什么意思呢？

所谓“点波束”，指的是仅覆盖一个小区域的通信信号，在这个区域之外检测不到该信号；而“多点波束”就是用多个同样的点波束实现大片区域的全覆盖，这是高通量卫星最重要的功能之一。

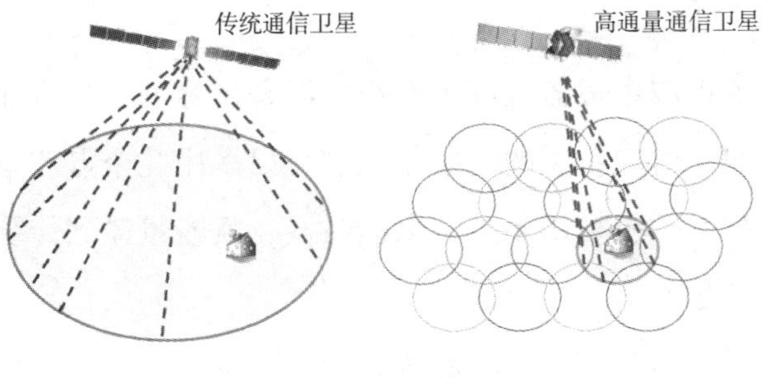

◀ 传统通信卫星的“点波束”技术，信号仅能覆盖一小片区域，而高通量通信卫星采用“多点波束”技术，信号可覆盖一大片区域

所谓“频率复用”，就是同一频率的通信信号要间隔一定距离才能再次使用，以避免相互干扰，是一种扩展通信容量的技术。

“高波束增益”比较难以理解。通俗来讲，就是通过缩小波束宽度来增强信号强度的一种技术。按照这个概念，我们就可以判断出高通量通信卫星的“高波束增益”是能够将无线电辐射信号增强的技术。

而“Ka频段”，指的是特定频率范围的无线电波段，Ka频段特别适合宽带数字传输、高速卫星通信等需求。

除了Ka频段，无线通信还有L、S、C、Ku等频段可供卫星通信使用，只不过上述频段技术已落后，并且容量已枯竭，无法实现通信技术的突破，所以发展基于Ka频段的高通量通信卫星是大势所趋，也是国际上的热门技术。

高通量卫星为何能力压群芳

高通量通信卫星能够力压群芳，独占鳌头，总结起来有四大优点：第一是频带宽，容量大；第二是成本低；第三是用户终端小型化；第四适用范围广。

高通量通信卫星使用的Ka频段，较传统的C频段、Ku频段带宽更高，即使在通信信道调制方式不变的前提下，卫星通信系统容量也能提高数倍甚至数十倍。

高通量卫星最重要的技术是“多点波束”和“频率复用”。比起传统通信卫星的半球波束，高通量通信卫星的点波束的覆盖范围只有300～700千米，是传统通信卫星的10%～35%。喜欢思考的读者也许会问，为何高通量通信卫星的点波束覆盖范围比起传统通信卫星的半球波束少那么多，反而说高通量通信卫星好呢？

因为高通量通信卫星的每个点波束覆盖范围虽然小，但是信号强，传输速度快，服务质量更高。一个点波束解决不了的问题，我们可以多用几个点波束来解决。这就是“多点波束”技术。当采用多点波束的时候，就能覆盖到传统卫星的辐射范围，而且通信质量更好。

高通量通信卫星的点波束可以多达200个，频率复用次数高达20，因此可以提供超大的传输容量，同时系统造价却变化不大，可以极大地提高系统的通信容量和性价比。

在成本方面，高通量通信卫星单位通信容量的投资如今已降到300万～500万美元，仅是传统通信卫星的2%，与地面网络的带宽成本相当，价格非常具有竞争力。

高通量通信卫星的点波束有较高的辐射功率，在用相同尺寸终端天线接收信号时，能获得比C、Ku等频段更好的效果，从而可使用户终端进一步缩小体积，携带使用更方便。高通量通信卫星的用户终端天线一般在62～180厘米之间，远远小于Ku和C频段通信卫星终端天线的尺寸。

高通量通信卫星针对宽带互联网接入等应用进行设计，可以广泛应用于电视直播、移动中继、视频分发、新闻采集、企业联网、“动中通”等通信领域。这里所说的“动中通”是“移动中的卫星地面站通信系统”的简称。通过“动中通”系统，车辆、轮船等移动载体在运动过程中就可以实时跟踪卫星等平台，不间断传递语音、数据、图像等多媒体信息，从而解决在高铁动车和远洋轮船上的通信问题。

高通量通信卫星的软肋

高通量通信卫星优点一大堆，但也有一个很明显的缺点，那就是雨衰较大。什么是“雨衰”呢？“雨衰”指的是无线电波在通过雨层的时候，因为雨滴作用而使信号衰减的现象，包括雨粒吸收引起的衰减和雨粒散射引起的衰减。雨衰的大小与雨滴直径直接相关，当信号的波长比雨滴直径大时，散射衰减起决定作用；当信号的波长比雨滴直径小时，吸收损耗起决定作用。但无论是吸收还是散射，最终都使信号在传播方向上遭受衰减，且信号的波长和雨滴直径越接近时衰减越大。而高通量通信卫星因为工作频段较高，雨衰对信号的影响更大，严重降低了网络的可用度和用户体验。

我们都明白信号衰减意味着通信质量降低，所以需采取必要措施加以解决。传统Ku频段卫星通信系统一般通过预留系统余量来解决雨衰难题，但是这种办法在高通量通信卫星上并不适用。因为，以系统余量去克服雨衰的影响，在晴天时会造成资源的巨大浪费，而雨衰大的时候又无法得到完全的补偿。不过，对于高通量通信卫星而言，可以通过加大天线口径、自动功率控制、自适应编码调制等技术解决雨衰问题。

欧美高通量通信卫星发射史

高通量通信卫星技术于2004年兴起于北美，到目前全球一共有20多家运营商在经营高通量通信卫星，其中绝大多数是基于Ka频段技术。截至2017年，全球共有近50颗高通量通信卫星在轨运行。下面选择几个典型卫星加以介绍。

2006年12月，全球第一颗Ka频段商用高通量通信卫星——WildBlue-1在北美发射成功，制造商为劳拉空间系统公司，经营商为WildBlue通信公司，设计寿命为15年，采用35个Ka频段点波束。

2010年12月，欧洲通信卫星组织发射的Ka-SAT是欧洲真正意义上的高通量通信卫星，有82个Ka频段点波束，设计寿命为15年。

2011年10月19日，美国ViaSat公司成功发射Ka波段高通量通信卫星ViaSat-1，有72个点波束，数据吞吐量惊人。

▲ WildBlue-1示意图

"实践十三号"一鸣惊人

我国的高通量通信卫星虽然发射的时间较晚，但是不鸣则已，一鸣惊人，主要具备如下几大特点：

首先具备很高的通信容量。卫星采用的是Ka频段多波束宽带通信系统，有26个点波束，覆盖我国除西北、东北以外的大部分陆地和近海近200千米海域，可支持多用户、大容量双向载荷。在各地区通过卫星进行数据高速下载的同时，还能支持大量用户高速上传数据，让"信息高速公路"更加名副其实。

卫星研发团队先后突破了Ka频段多波束宽带系统设计、天线反射器型面精度控制和测量、天线指向精度标校等一系列技术难题，整体达到了国际先进水平。同时，还首次在"实践十三号"上搭载了激光通信系统。

其次采用全新的电力推进系统。卫星在运行期间，由于受到空气阻力（卫星所有轨道仍有极少量空气存在）和地球引力等影响，轨道会发生变化。此时安装的卫星推进系统就可以调整卫星的位置，保证其按照预定轨道运行。我国此前发射的卫星，采用的都是化学燃料推进系统，这种推进系统最大的缺点就是卫星负载太重，按照卫星的使用寿命为15年计算，消耗的化学燃料为675千克。而采用电力推进系统，就能解决卫星负载大的难题。电力推进系统的功率是化学燃料推进系统的10倍，而自重才90千克。

我国发射的"实践十三号"采用的是离子电推进系统，属国内首次应用。这种推进系统的工作原理是，先将气体电离，然后用电场力将带电的离子加速后喷出，以其反作用力推动航天器。由于带电离子在推进器中会被加速到10~18千米/秒，因而效率非常高。据专家介绍，业内已形成普遍共识，应用电推进系统已成为国际通信卫星是否先进的标准，没有电推进系统的通信卫星缺乏竞争力。

构建全球卫星宽带通信网络

据估计，到2023年，全球对高通量通信卫星的通信容量需求将猛增，高通量通信卫星容量租用销售收入将超过20亿美元。我国科学家能够紧紧把握时代脉搏，在卫星通信领域一路高歌，并引领技术前沿，彰显了力量和智慧。

有了高通量通信卫星的支持，在“十三五”期间，我国将建起一个全天候、安全可靠、自主可控的全球卫星宽带通信系统。在服务国家“一带一路”倡议的同时，面向国内外航空机载、海事船载和陆地移动业务客户，提供高品质的宽带通信服务。

可以预见，将来无论是徒步、骑行，还是自驾游；也无论是乘船、轮渡，还是坐飞机，都不会出现因为无法联网使用导航而迷路的现象，都不会出现因为没有WiFi而失去旅途中乐趣的情况。

“寒武纪”：人工智能的未来

2016年3月，一场精彩的人机大战隆重上演，韩国著名的职业九段围棋手李世石对阵人工智能“AlphaGo”，经过激烈的角逐之后，拿冠军拿到手软的李世石竟然以1 ∶ 4的比分败在这台机器手下，一时间举世震惊。很多人惊讶于这台由谷歌旗下的DeepMind公司开发的可以深度学习的人工智能机器人，竟然在智力对决中战胜了人类。

这场人与机器之间的较量，可以称得上是一场世纪大战，因为从前只存在于科幻小说中的人工智能，真实地走进了我们的视野。它们将用何种方式来改变人类的未来，即使是该领域的顶级专家也很难预测。2016年也因此成了具有划时代意义的一年，被称为“人工智能的元年”。

▲ AlphaGo对阵李世石

从2016年起，一直远离普通大众生活的机器人和其他种类繁多的人工智能仿佛雨后春笋般涌现出来，令人目不暇接。无人驾驶汽车、智能语音输入，以及隐藏在电脑屏幕背后的智能算法，仿佛通人性一般在暗中对我们“察言观色”，跃跃欲试。这还不算完，随着人工智能芯片的不断发展，以后名不副实的“智能手机”也会真正变得智能起来，除了有通话、拍照、上网等功能之外，还会出现更让人意想不到的功能，手机会变得像人一样聪明。从此以后，你随身携带的手机，将不再是平淡无奇的通信工具，而是你的好伙伴、好管家，形影不离的好朋友、好伴侣。

那么，为何之前不显山不露水的人工智能突然从幕后走到台前了？为何对我们而言那么遥远的机器人世界，说来就来了呢？其实这都是拜“深度学习”所赐，让曾经走入误区的人工智能，另辟出一条蹊径，从山重水复，到柳暗花明，终于实现了从理念到技术的突破。人工智能迎来了春天，而这一切，仅仅花了20年的时间。

而在人工智能攀登技术顶峰的过程中，我国科学家再次站在了全世界的前面，引领了技术潮流，将人工智能的研发与应用推向了新的高潮。在这场没有硝烟的战争中，由中国科学院计算技术研究所主持研发的“寒武纪”人工智能芯片，作为国际上首款深度学习处理器，一经面世，就引起了世界瞩目。

“寒武纪”芯片独辟蹊径

2016年11月16日下午，在第三届世界互联网大会上，中国科学院计算技术研究所发布了全球首款深度学习处理器——“寒武纪1A”，这是世界上第一款模拟人脑的神经元和突触进行深度学习的芯片，无论是架构模式还是研发思想，都处于国际领先地位。它是一款专门针对人工智能深度学习而设计的芯片，可模拟人脑的机制来学习、判断和决策。相比传统意义上的通用电脑芯片，“寒武纪”的体积更小，功能更加强大。它的图像和语音识别能力要比传统处理器至少高两个数量级，集成度也是传统处理器的数倍。

那么就让我们作一个比较，就拿那个连续打败好几个世界围棋高手的AlphaGo作例子吧。这台能够深度学习的人工智能使用了约200个图形处理器

（GPU）和1 200个中央处理器（CPU），所有设备需要占用一个大机房，配备大功率空调。除了个头大之外，AlphaGo平均每下一局围棋所需电费是3 000美元，可谓是耗电巨无霸。而如果把AlphaGo的芯片换成“寒武纪”，一个小盒子就能装下，而且运行速度更快，耗能更低。“寒武纪”对信息的处理快到什么程度？它每秒可以处理160亿个神经元和超过2万亿个突触，功耗却只有原来的1/10，未来甚至有希望把整个AlphaGo的系统都装进手机。再打个比方，AlphaGo的算法系统就好像是水，处理器就是抽水的机器，谷歌研制的抽水设备就像是人工翻转水车，效率低、耗能大。而“寒武纪”芯片就相当于抽水的水泵，动力强劲，耗能还低。同样的目标，不同的技术手段，竟会产生如此大的差别，可见，智慧真的是个好东西。

“寒武纪”人工智能芯片走在了世界前列，并引领该领域的技术发展。除了寒武纪科技公司和谷歌公司之外，IBM（国际商业机器公司）、Qualcomm（高通）、Facebook（脸书）、Twitter（推特）等国际著名的科技公司也早就开始智能芯片的相关研究。那么，既然都是研究人工智能，“寒武纪”芯片与国外同类产品相比到底有何独到之处呢？它又是如何一步步走到今天的呢？

人工智能的坎坷之路

人工智能是科幻小说中最流行的题材之一，其中美国科幻小说家艾萨克·阿西莫夫首次开创了机器人小说系列的先河。那些足以和人类相媲美的人工智能，或者勤勤恳恳地为人类服务，或者在获取了超级智能之后，变成了人类的敌人，甚至扮演了灭绝者的角色。科幻小说可以天马行空，但是现实中的人工智能却是几多坎坷，可以说是让科学家们绞尽了脑汁，付出了巨大的精力。

热爱科学的朋友们可能听说过，计算机科学领域有三个基本问题需要解决，一是“巴贝奇问题”，就是自动计算的实现问题。这是19世纪英国科学家巴贝奇提出的。这个问题在1946年随着世界上第一台计算机的面世而得到了很好的解决。能够自动计算，是电脑最基本的功能。

第二个问题是“布什问题”，就是如何将信息进行广义的互联，即通过将多台计算机连接在一起，协同工作，还能互相之间传递和分享信息。1969年随着

▲ 人工智能

美国国防高级研究计划局研发的“阿帕网”的正式投入运行，这个难题也得到了解决。后来，“阿帕网”演化成了互联网。

第三个问题是“图灵问题”，就是如何在机器上实现人工智能。这是由英国数学家、逻辑学家，被称为计算机科学之父、人工智能之父的艾伦·图灵提出来的。这个问题至今仍在不断探索之中，并在近五年内取得了一系列重大突破，人工智能正迎着曙光大踏步走来。

虽然人工智能从复兴到发展成为今天的规模只用了20年的时间，但是人工智能的诞生可追溯到1956年。当年夏天，坐落于美国新罕布什尔州汉诺威小镇的达特茅斯学院召开了一次夏季研讨会，其中有四位年轻人成了后来人工智能领域的元老，他们是马文·明斯基、约翰·麦卡锡、艾伦·纽厄尔与赫伯特·西蒙。他们也是人工智能领域最高奖——图灵奖的获得者。

在此后的十年里，人工智能取得了一定成果，能够让机器玩简单的游戏，甚至能让机器进行翻译。而且大量的研究经费投到了这个领域，一切看起来都非常光明，以至于赫伯特·西蒙大胆地做出了一个判断：“在我们这一代人的努力下，人工智能的难题将会从根本上解决。”

然而，西蒙太乐观了，人工智能的发展需要大量的、快速的运算作为依托，而在20世纪70年代根本没有一台计算机能有这么大本事。让计算机做点稍微复杂的工作，花在计算上的时间就长得吓人。这就导致了那些中看不中用的初期人工智能只能当作玩具，根本没有应用的可能。一句话，解决不了计算问题，一切都免谈。很快，人工智能的第一个寒冬来临。

到20世纪80年代初期，软件技术的发展给人工智能带来了希望。当时斯坦福大学教授爱德华·费根鲍姆通过实验和研究，证明了实现智能行为的主要手段在于知识，并且在多数情况下是特定领域的知识才行。由此他提出了“知识工程”理论，这是人工智能领域的一个重要分支。

除了知识工程之外，还有一套名叫“专家系统”的软件，能够从专门的知识库中，通过推理找出一些规律，像人类专家那样解决某一领域的问题。这套软件出来之后，激起了科学家们第二次研究人工智能的热潮，投在这个领域的研发资金多达十几亿美元，可谓不惜血本。

然而好景不长，人工智能的第二次寒冬随着日本“五代机计划”的惨败而到来。日本研发的五代机，是想要颠覆传统计算机架构，开辟一条蹊径。顺便说一句，我们现在所用的电脑，采用的都是“冯·诺依曼架构”。它是1946年美籍匈牙利数学家冯·诺依曼确定的计算机体系结构，一直沿用至今。计算机主要由控制器、运算器、存储器、输入设备和输出设备五部分组成，处理数据和指令采用二进制，并顺序地执行程序命令。当计算机运行时，处理器以极快的速度执行一长串的0和1编程指令，这些指令信息单独存放在内存、处理器以及磁盘驱动器之中，电脑的中央处理器与存储器通过总线连接，大量的数据流在处理器和存储器之间进行中转，消耗掉很多能量。由于电脑的总线带宽是一定的，随着数据流的不断增加，总线变成了瓶颈，限制了计算速度的进一步提高，这就是所谓的“冯·诺依曼瓶颈”，是人工智能技术领域遇见的最可怕的拦路虎。这个老虎有多可怕？日本研发五代机想要突破这个瓶颈，先后花了10亿美元，最后竟然颗粒无收。一时间寒风凛冽，人工智能再次陷入僵局，研究停滞了20年之久。

人工智能的艰难复兴

在20年的漫长沉寂中，有一位叫杰弗里·辛顿的加拿大科学家在别人的不理解和蔑视中艰难探索，他坚信能找到一种方法，彻底解决人工智能领域的拦路虎。最终他找到了，并发明了一种全新的计算机算法，构建了如今人工智能领域最核心的技术——人工神经网络，完全突破了“冯·诺依曼瓶颈”。

这类神经网络本质上是一个数据驱动模型，需要提供数据让机器去学习，然后根据学习的结果不断进行调整、优化，进而达到预期的效果。但是，光有神经网络还不行，还得让它的功能发挥出来。这个实现起来太难了，因为传统的电脑中央处理器（CPU）的计算速度很慢，根本无法满足要求，那么，既然CPU不行，有合适的电脑芯片吗？当然有，科学家们终于从电脑游戏芯片中发现了宝贝，这就是电脑图形处理器（GPU）。本来嘛，GPU是专门为打游戏而开发的芯片，速度非常快，是CPU的100～300倍，没想到竟然无心插柳柳成荫，成了构建人工神经网络的基石。至此，人工智能的春天才真正来临！

让机器变聪明是我们的梦想

让计算机做智能处理，可以用“类脑芯片”来完成。芯片有很多种，有的负责电源电压输出控制，有的负责音频、视频处理，还有的负责复杂运算等。目前，市场上的手机芯片有指纹识别芯片、图像识别芯片、基带芯片、射频芯片等近百种。

而所谓的“类脑芯片”，是指参考人脑神经元结构和人脑感知认知方式来设计的芯片。类脑芯片如今分化成两大研究方向，一个是“神经形态芯片”，侧重于参照人脑神经元模型及其组织结构来设计。这个研究方向以IBM公司的“TrueNorth”以及高通公司的“Zeroth”为代表。

类脑芯片的另一个研究方向就是“人工神经网络”，是参照人脑的计算模型而研发出来的。通俗地讲，神经形态芯片是模拟人脑的组织结构，而人工神经网络是模拟人脑感知世界的方式。这两个研究方向哪个更好呢？实话实说，二者各有千秋，但相比之下，后者更先进一些。以TrueNorth为代表的神经形态芯片耗能低，但是对图像的辨识度差，只有90%左右；而以“寒武纪”为代表的深度学习人工神经网络对图像的辨识度高达99%，并且耗能也不高。

如今，人工神经网络成了人工智能研究中最核心、最主要的方法，而且还衍生出了一个非常流行的词——“深度学习”。简单地说，深度学习就是一种多层次、大规模的人工神经网络，是对人脑神经网络的模拟。人脑新皮层的神经网络不是铺开来的，而是有六层叠加，每一层对上一层送进来的信号数据进行加工，层跟层之间可能还有连接回路。深度学习就是依据这个原理研发出来的，这种人工的神经网络少则几百层，多则上千层。例如2015 年微软做的一个叫ResNet的深度学习软件就有好几百层，图像识别准确率极高。

随着深度学习算法的深入运用，在一些特定领域，机器的感知能力正在超过人类。正是基于这种多层次、大规模的人工神经网络，人工智能才有了质的变化。例如百度深度学习研究院杰出科学家徐伟在“2016全球人工智能技术大会”演讲时举例说，在中文语音识别方面，百度的错误率是5.7%，而人类的错误率则是9.7%；另外，在人脸识别领域，人类的错误率是0.8%，而百度则是0.23%。

谷歌旗下那个研发AlphaGo的DeepMind公司在深度学习的基础上，又提出了增强学习的概念。增强学习是一种类似于在“战争中学习战争”的能力，就是用深度学习的网络输出，放到自然界，然后再用自然界的反馈，来调整深度学习的神经网络，不断积累经验，使机器变得越来越聪明，功能越来越强大。

“寒武纪”芯片 ▶

打败世界棋王的AlphaGo就是增强学习的佼佼者。但是前面我们也讲了，谷歌的AlphaGo耗电高，使用的芯片多，在体积和耗电量方面，“寒武纪”能够甩它好几条街，不服都不行。

“寒武纪”是人工智能的领跑者

“寒武纪”功能强大，应用前景非常广阔。目前在产业化推广方面，已经融入了1亿美元的投资，市值估计达10亿美元。为什么这个芯片取名“寒武纪”呢？原来，负责芯片研发的两位科学家陈天霁、陈天石兄弟认为，这款人工智能芯片会引起一场划时代的革命，就像6亿年前的寒武纪生命大爆发一样。给这款芯片取名“寒武纪”，预示着人工智能爆发时代的到来。

目前，“寒武纪”终端处理器产品已衍生出1A、1H 等多个型号。在未来数年，全世界有数亿终端设备可望通过集成“寒武纪”处理器，来获得强大的智能处理能力。而科学家的目标是，让人工智能芯片计算效率再提高一万倍，功耗降低至现在的万分之一。

值得一提的是，华为公司与中国科学院计算技术研究所“寒武纪”项目团队共同开发的“麒麟970” 人工智能手机芯片，首次集成嵌入式神经网络处理器（NPU），将通常由多个芯片完成的传统计算，图形、图像以及数字信号处理功能集成在一块芯片内，既节省空间又节约能耗，同时极大地提高了运算效率。据预测，人工神经网络学习芯片的市场将在2022年前达到千亿美元的规模，其中消费终端将占98.17%，是最大的市场，其他需求包括工业检测、航空、军事与国防等领域，可谓前景十分光明。

中国的人工智能正大踏步地向全人类走来！

“神威·太湖之光”：超算有了中国芯

在讲述“神威·太湖之光”这台完全自主生产的超级计算机（简称“超算”）勇夺世界超算冠军之前，先让我们回顾一下20世纪70年代关于超级计算机的一个心塞往事。

20世纪60年代的某一天，中国人民解放军军事工程学院负责研发超级计算机的慈云桂教授来到某石油部门地质勘探所，发现在一间宽敞明亮的大厅里，竟然还建造了一间房子，他就问负责人建造这间房屋做什么用。负责人告诉他，这是为一台超级计算机建造的机房，计算机购自美国，计算能力为每秒400万次，型号还不是最新的。建造房子是美国方面的要求，除此之外，他们还提出了很多让人感到屈辱的条件，比如机器的使用和维修都要由美国派遣的专家进行，中国人一律不准进入机房等。美国人这么做的目的很明确，就是怕中国人掌握了他们的超算技术。

因为这个屈辱，我国的超算专家咬紧牙关，鞠躬尽瘁，连续研发了几代超级计算机，型号从“银河”到“天河”，计算能力从每秒千万次到每秒亿亿次，每一次跨越都是智慧和汗水的凝聚，每一次成功都是对技术的重新定义。

2016年6月20日下午，德国法兰克福国际超算大会（ISC）公布的全球超级计算机前500强榜单中，国家并行计算机工程技术研究中心研制的，使用中国自主芯片的“神威·太湖之光”以超第二名近3倍的运算速度夺得第一，取代“天河二号”登上榜首。中国超算上榜总数量也首次超过美国，名列第一。2017年6月19日的“2017国际高性能计算机大会”上，“神威·太湖之光”再次夺冠，“天河二号”名列第二，这是两台机器第三次联手占据榜单前两名的位置。

连续拔得头筹的“神威·太湖之光”超级计算机，是全球首台运行速度超过10亿亿次/秒的超级计算机，最高运算速度可达12.54亿亿次/秒，持续运算速度也为9.33亿亿次/秒。根据测算，“神威·太湖之光”运算1分钟，相当于全球70多亿人不间断地运算32年。使用中国芯的“神威·太湖之光”真正地成为全球运算速度最快的超级计算机。

研制超级计算机的必要性

电脑是我们生活中的必需，这一点已毋庸置疑。而智能手机芯片的发展，让小巧玲珑的手持通信设备变成了方便快捷的“微型电脑”。

然而，民用计算机只是电脑家族中的一个分支，还有一种纯粹为计算而生的超级计算机，被誉为计算机界的“珠穆朗玛峰”，是世界各国高端科研领域的必备利器。超级计算机非常重要，在国家科技、国防、金融、服务、生活等方面都不可或缺。在高能物理（核物理、核能、核动力、核安全技术），空气动力学（航天、航空、航海、高速运载器），大气、海洋与空间科学（天气与灾害预报、全球气候变化），能源科学（油气勘探与开采、新能源），生命科学、生物工程、新药研制，新材料，高新制造（汽车、微电子），信息与社会安全（密码学、监控），数据中心与服务中心等领域中，有着不可替代的作用。如果没有这种超级计算机，导弹没法研制，核潜艇无法下水，火箭不能升空，飞船不能入轨，卫星不能发射，我们国家安全所依赖的一切防卫利器都可能成为水中月、镜中花。

这种性能强大、运算神速的巨型计算机，是国家的战略武器，是解决经济建设、社会发展、科学进步、国家安全等一系列重大问题的重要手段，是信息时代世界各国战略的制高点。在进入日新月异的信息时代之后，我国经济社会发展和国防安全对高性能计算机有了更加迫切的需求。我们要利用超级计算机解决能源短缺、环境污染、全球气候变化等重大挑战性问题；要利用超级计算机完成个性化精准医疗、生物信息、国家突发恶性传染病预警等工作；要利用超级计算机完成“神舟号”飞船的制造和发射，“天宫二号”空间实验室的入轨运行，“嫦娥”探月计划的实施等等。

超级计算机几乎在各领域都发挥着不可替代的作用，它的重要性不言而喻。

超算之路凯歌频传

超级计算机又叫高性能计算机或巨型计算机，特指具有超强计算能力的一类计算机，可以完成超大、超高、超复杂的计算任务。在科学研究领域，有“三驾马车”并驾齐驱，一是理论研究，二是试验验证，三是超级计算。而前两个领域都离不开超级计算机作为强有力的计算工具。

世界上第一台电子计算机ENIAC于1946年2月诞生于美国阿伯丁弹道研究实验室。从那时起到2018年止，电子计算机已经走过了72年的风雨历程。科学家们发明和制造电子计算机的最初目的，就是为了解决人工计算速度慢的问题，所以无论现在的计算机有了多少复杂的功能，诸如控制、管理、通信、文字处理、信息处理、图像处理、视频处理等，其核心的功能还是计算。所以，超级计算机只是将电脑的核心计算功能不断推向极致，创造了一个又一个的速度奇迹。

▲ 世界上第一台电子计算机ENIAC

世界上第一台电子计算机诞生于美国，而第一台超级计算机也同样产自美国，时间是1964年，自此进入超级计算机发展的第一个阶段。

我国研制超级计算机的时间也不算晚，20世纪50年代末，第一代电子管通用计算机研制成功，拉开了我国研制大型计算机的序幕。

1970年至1980年，是超级计算机发展的第二个阶段，运算速度飙升至每秒1亿次以上，代表机型是美国的“ILLIAC-IV”“STAR-100”等，但这些计算机都只是样品，没有量产。

1976年，美国CRAY公司推出CRAY-1向量超级计算机，获得巨大成功，开始批量生产，并广泛应用。而此时，我国的超级计算机也进入了“银河”时代。1983年研制成功的巨型计算机“银河-Ⅰ”，每秒运算达1亿次，是中国第一台向量超级计算机。1992年研制成功的“银河-Ⅱ”超级计算机采用对称多向量处理器，运算峰值可达10亿次/秒。

“银河”超级计算机

超级计算机发展的第三个阶段是20世纪90年代，一种新型的大规模并行计算的超级计算机凌空出世。计算机的核心计算部件是中央处理器（CPU），它是最复杂、最庞大、最难做的计算机部件。过去研制超级计算机，都要自己设计制作CPU，体积庞大，性能也有限，往往一个CPU就要装几个大机柜。后来，微电子技术蓬勃发展，科学家可以在单块芯片上制作出一个CPU，英特尔、AMD公司抓住机遇，逐渐发展成为商用CPU的垄断供货商。

按照计算机领域著名的“摩尔定律”，当价格不变时，集成电路上可容纳的元器件的数目，约每隔18~24个月便会增加一倍，性能也将提升一倍。因此，基于CPU的超级计算机的性能也大致每18个月就可以提高一倍，每4 ~ 5年性能就能提升10倍。举个例子我们就一清二楚了。20世纪90年代末，超级计算机每秒运算为万亿次。十年以后，世界排名前十的超级计算机，其计算能力均在1 000万亿次/秒以上。

我国自主研制的超级计算机在世界舞台上崭露头角是在2002年以后。首先是联想“深腾 1800”万亿次级超级计算机在2002年全球超算TOP 500（前500强榜单）排名中，名列第43位，结束了在世界TOP 500排行榜中没有中国超级计算机的历史。

2003 年，联想“深腾 6800 ”万亿次级超级计算机名列 2003 年全球超算TOP 500 排行榜第14位，达到了国产超级计算机的历史新高。

2004年，国产“曙光 4000A”超级计算机名列当年TOP 500 排行榜第 10位，又一次刷新纪录。但是遗憾的是，我们那时候还没有一台超级计算机能够杀进排行榜前五名。

从2006年开始，国家科技部将超级计算机当作国家发展战略予以实施，从而促成了“天河”和“曙光”系列超级计算机的诞生。2009年，“天河一号”千万亿次级超级计算机问世，采用先进的“CPU+GPU”的异构混合加速体系架构，并夺得2010年国际TOP 500排行榜的第一名，是中国国产超级计算机首次夺得世界冠军。

到了2013年，“天河二号”在国防科技大学研制成功，持续运算速度高达3.39亿亿次/秒，比美国当时最快的超级计算机“泰坦”快了近1倍。

2014年6月，巨无霸“天河二号”超级计算机，再次夺得全球超级计算机TOP 500的第一名。到今天，中国研制的“天河”系列超级计算机已经七次夺得世界第一，“天河二号”更是取得了六连冠的辉煌成绩，牢牢占据着世界超级

▲ “天河二号”超级计算机

计算机TOP 500俱乐部中的冠军位置。

然而，“天河二号”随后遭到了来自美国方面的围追堵截，更新升级之路受制于人，这才使得更加先进的国产超级计算机——“神威 · 太湖之光”问世。

“神威 · 太湖之光”有了“中国芯”

从“天河二号”到“神威 · 太湖之光”，不仅仅是计算速度上的“鸟枪换炮”，更是首次将中国自主研发、完全具有自主知识产权的芯片用到了“神威 · 太湖之光”这台巨型计算机上。而起因只有一个，就是美方感受到了在超级计算机领域来自中国的强大威胁，在2015年4月，决定禁止向中国国家级超算机构出售芯片，致使“天河二号”升级计划延迟，给中国带来了不小的损失。

面对这种情况，我们当然不能束手待毙，既然美国围追堵截，那我们就迎难而上，研制自己的“中国芯”！

经过科学家的努力，“中国芯”终于研制成功，“申威26010”异构众核处理器一经面世就大放异彩。虽然“申威26010”芯片只是一枚5厘米见方的小小薄块，却罕见地集成了260个运算核心，运算速度达到了3万多亿次/秒。那么“神威·太湖之光”上面安装了多少枚“中国芯”呢？竟然达到了惊人的40 960枚！有这种芯片撑腰，“神威·太湖之光”超级运算机一鸣惊人，其最高运算速度为12.54亿亿次/秒，持续计算速度为9.33亿亿次/秒，稳居世界第一。

“神威·太湖之光”采用低功耗、高集成度的处理器设计，独创高效水冷降温技术以及高密度组装工艺，软硬件协同、智能化的功耗控制方法，使之成为环保节能的绿色产品，比上一代超级计算机“天河二号”节能60%以上。采用强大“中国芯”的“神威·太湖之光”不仅一举突破封锁，而且峰值性能、持续性能、性能功耗比三项关键指标均居世界第一。

“神威·太湖之光”的能力令人惊叹，它能在十几分钟内完成海啸预警，在30天内完成未来一百年的地球气候模拟。这种强悍的计算能力对提升我国应对极端气候事件和自然灾害时的减灾、防灾能力，增强我国在全球温室气体减排谈判中的话语权具有十分重要的意义。

▲ “神威·太湖之光”超级计算机

如今，“神威·太湖之光”参与了众多应用课题的研究，涉及航空航天、先进制造、生物医药、新材料、新能源等多个方面，支持国家重大科技应用、先进制造等领域解算任务几百项。

2016年11月18日，在美国盐湖城举行的2016年全球超算大会上，号称计算机领域诺贝尔奖的“戈登·贝尔奖”的6个提名中，“神威·太湖之光”就占据了3个，分别涉及海洋、材料和大气三个领域。最终，由中国科学院软件研究所、清华大学等5家单位共同完成的应用成果“千万核可扩展全球大气动力学全隐式模拟”一举获得国际高性能计算机应用领域最高奖——戈登·贝尔奖，实现了我国29年来在该奖项上零的突破。

“神威·太湖之光”超级计算机的运算速度已达近10亿亿次/秒，还能再继续提高吗？科学家给出的答案是：依旧能够提高！下一次就将运算速度提高到每秒百亿亿次，这就是全世界都在投入巨额资金研发的“E级超级计算机”。我国已经将研制百亿亿次级超级计算机纳入了国家“十三五”规划中，国家并行计算机工程技术研究中心的“神威”系列、国防科学技术大学的“天河”系列和曙光公司的“曙光”系列将同台竞技。到底谁是最后的赢家，就让我们拭目以待吧！

海洋·材料篇

海洋和天空，浩瀚而壮美，自古以来就是文人墨客与科学家们共同关注的内容。诗人们歌颂苍穹与星斗，赞美“春江潮水连海平，海上明月共潮生”，写出了很多流传千古的诗句，营造了引人入胜的美好意境。科学家也是艺术家，但他们关注的是明月和星斗背后的秘密，探索的是海洋深处蕴藏的无穷无尽的宝藏。海洋和天空，构建了人类美好家园，飞向太空，深入大海，探索未知，促进文明，是一代又一代科学家前赴后继的使命。

相比之下，我们在探索太空方面所做的努力，要比探索海洋多得多。海洋虽大，而且离我们近在咫尺，但我们对它的了解却非常有限，因为人类的大部分活动，都是围绕着浅海展开的，而海洋真正的财富，则在大海深处，在那些波涛汹涌的海洋表面以下 3 000 米、5 000 米、7 000 米甚至 10 000 米的地方。那里有着与地球表面截然不同的生物群落，有取之不尽的可燃冰能源，有比地球表面多得多的石油储备，还有各种稀有的矿物。

我们之所以对海洋深处的“龙宫之宝”望洋兴叹，就是因为缺乏可载人的潜水工具，到达数千米的海底深处。因为，如果没有良好的防护设备，人在海水的巨大压力下会被压扁。不过，世界各国的科学家们并没有被数千米的深海吓倒，而是不断研发深潜设备，打破一个又一个深潜纪录，甚至成功下潜至万米深的马里亚纳海沟的底部。

我国在深海潜水器的研发领域也走过了一段不平凡的历

程，短短十多年里，“蛟龙号”载人深海潜水器在工作状态下潜到了7 062米的深度，创造了世界同类型潜水器最大下潜深度的纪录。

在深海领域，我们可以借助潜水器寻找宝藏，那么，怎样才能将这些宝藏打捞上来为我所用呢？例如，陆地上的大油田如今已寥寥无几，而3 000米及以下的深海里却蕴藏着丰富的石油，如何才能把石油抽上来呢？这就涉及深海领域的另外一项高端技术——超深水深海钻井平台技术。在这个技术领域，欧美国家、日本和俄罗斯等之前一直走在前面，我国奋起直追，建造了各种型号的深海钻井平台，像“蓝鲸1号”和“蓝鲸2号”就是典型代表，后者的最大作业水深深度已经超过了3 000米。

在新材料领域，我们在本章中介绍两种，一个是绿色纳米印刷材料，绿色、环保、安全、高效，印刷成品质量高，完全可以取代用了几十年的激光照排技术和计算机直接制版技术。另外一种新材料则更具有科幻味道，它就是可流动的液态金属。液态金属在科学家眼里并不新鲜，但是，这种金属在外部磁电等条件的影响下，就会表现出某些神奇的特性，让研究者们始料不及。而且由此开创了一个全新的材料研究领域，取得了丰硕的成果，并将这系列技术应用到了实际生活中，进而造福社会，改善民生。

“蛟龙号”：深海潜水器的今昔

对于“蛟龙号”深海潜水器而言，2017年6月23日是一个收获硕果、得胜回朝的日子。这一天，“向阳红09”船搭载着“蛟龙号”深海潜水器和近百名科考队员，结束了在中国海洋上的第38次航行，停泊在了位于青岛的国家深海基地码头。科考人员先后在海上历时138天，行程约1.8万海里（1海里=1.852千米），圆满完成了科学考察任务，这也是“蛟龙号”深海潜水器第二阶段的试验性航行收官之作。下一步，这台创下了深潜7 062米的国产潜水器，将正式交付科学家们使用，开始全新的海底探险生涯。

“蛟龙号”深海潜水器能创造今天的辉煌，实属不易。追溯起来，这台走进十九大报告的深海载人潜水器，立项研制的时间是在16年前的2002年。而首次提出研制计划的时间则更早，是在1990年。在这一年，中国大洋矿产资源研究开发协会（简称“中国大洋协会”）正式成立，并提出我国要研制深海载人潜水器。

十年后，21世纪初，中国大洋协会组织科学家对深海运载装备的需求进行了论证，并提交了初步的论证报告。2001年12月，国内海洋界专家主持编写完成《7 000米载人潜水器总体方案论证报告》。

直到2002年6月11日，科技部才正式将7 000米载人潜水器列为国家“863计划”重大专项，“蛟龙号”深海潜水器的研制正式拉开序幕。

那么，为何全世界那么多国家都要不惜成本研制深海潜水器呢？我国研制“蛟龙号”的目的是什么？简单而言，各国研制深海潜水器的目的就是为了到“龙宫”寻宝。而我国研制“蛟龙号”的目的也很明确，那就是推动中国深海运载技术发展，为中国大洋国际海底资源调查和科学研究提供重要高技术装备，同时为中国的深海勘探和海底作业研发共性技术。中国大洋协会要对深海中的大量宝藏，诸如锰结核、富钴结核、热液硫化物矿和深海生物等资源进行勘察和取样，研制一台能够完成这些工作的机器就势在必行。

这台机器的性能要处于国际前沿水平，采用新材料、新技术和新工艺，最主要的是机器要完全拥有自主知识产权，不能被西方国家技术限制勒住脖子。目标明确了，下一步组织研发团队，很快中船重工七　二所便作为总体单位，联合中国科学院沈阳自动化研究所、中国科学院声学研究所开始了艰苦卓绝的攻坚战。2009年8月，“蛟龙号”研制成功，开始了长达三年的深潜海试工作和随后的试验性航行任务。

“蛟龙号”真金不怕火炼

“蛟龙号”是我国自行设计、自主集成研制的载人潜水器，长8.2米、宽3.0米、高3.4米，净重不超过22吨，最大荷载是240千克，最大速度为每小时25海里，巡航速度为每小时1海里，最大下潜深度7 062米，在世界同类型载人潜水器的最大下潜深度中名列第一，可以在占世界海洋面积99.8%的广阔海域自由潜行。

▲ “蛟龙号”入水

2009年8月，“蛟龙号”开始了不同深度的海试工作。“蛟龙号”首先顺利潜入1 000米深的深海之下，随后，2010年7月又下潜到了3 759米，完成了海底取样、海底微地形地貌精细测量等任务。

2011年7月，“蛟龙号”载人潜水器又在太平洋成功进行了5 000米级海试，取得了一系列技术和应用成果，使中国成为世界上第五个掌握5 000米以上载人深潜技术的国家。

2012年6月，“蛟龙号”再次发威，在马里亚纳海沟创造了下潜7 062.68米的中国载人深潜纪录，这也是世界同类型潜水器最大下潜深度纪录。而在此之前，载人深潜的世界纪录保持者是日本的深潜器，深达6 527米。中国的“蛟龙号”不出手则已，一出手就超过了其他国家。从此，中国成为继美国、法国、俄罗斯、日本之后第五个掌握大深度载人深潜技术的国家。

按照“蛟龙号”海试副总指挥崔维成教授的观点，载人深海潜水器的成功研制具有非常重要的意义。第一，有利于全方位维护我国的海洋权益。目前，国际海洋法只对200海里的专属经济区作了规定，基本没有涉及公海区及深海资源等问题。因此，谁先有了深海勘探和资源开发的能力，谁就可以占据先机。“蛟龙号”为我国深海勘探和资源开发提供了极其重要的技术支撑，具有全方位维护我国海洋权益的重要战略意义。

第二，深海海底是地球上历史演化信息保存最好的地方，尽管深渊海域面积不到全世界海洋面积的2%，但具有极为丰富而特殊的科学现象。50多年来逐步形成的以深渊生态学、深渊生物学和深渊地质学等为内涵的高端、前沿的深渊科学，对海洋环境保护、探索生命起源、地震预报等多个领域的研究均有十分重要的意义。载人深海潜水器的研制，可以促进我国深渊科学的进步。（国际海洋科学界把位于海平面以下6 500 ~11 000米深度区间内的区域命名为深渊区，把专门研究深渊区的海洋科学称为深渊科学。）

第三，“蛟龙号”载人深海潜水器的研制，涉及很多前沿尖端技术，诸如高端的声呐通信技术、深渊测绘技术，以及自动航行和悬停定位技术等，将会带动整个海洋技术的腾飞和发展，有效实现海洋深潜技术的研发、推广和应用，继而在中国培养一大批海洋高科技人才和深渊科学家，并形成相关的高端海洋科研教育体系。

此外，载人潜水器的研制，有利于带动深海新兴产业蓬勃发展，将实现载人、无人潜水器产业化，开创深海矿业勘探开采、海洋装备工程制造、高端海洋精密机械与仪器制造等方面的深海新兴产业；还可以打破国外高科技封锁，缩小我国在“万米深渊”探测领域与国际领先水平的差距，与深海科技发达国家形成平等的合作格局，体现中国海洋强国的核心竞争力。

深海潜水器到底谁家的好

人类探索海洋的欲望自古有之，深海龙宫和美人鱼的传说就是人们对神秘海洋的冥思遐想。1620—1624年间，荷兰发明家科尼利斯·德雷贝尔用木材制成了世界上第一艘潜水器。他将潜水器的外面蒙了一层涂油的牛皮，用羊皮囊充当水舱，就这样开始了潜水试验。

真正现代意义上的深海载人潜水器的出现是在300多年后的1948年，发明人是瑞士的奥古斯特·皮卡德。经过12年的研究改进，这台与美国海军合作建造的潜水器性能不断完善，并更名为“的里雅斯特号”，先后完成了深海1 500米和5 500米的载人潜水试验。1960年1月23日，奥古斯特·皮卡德的儿子带着

◀ 在美国海军国家博物馆展出的“的里雅斯特号”潜水器，仍保持着10 916米的深潜纪录

一名助手，乘坐“的里雅斯特号”潜水器在马里亚纳海沟潜到了10 916米，打破了之前的所有深潜纪录。

看到这里，细心的读者也许会有一个疑问，早在1960年就有深海潜水器创造了万米以下的深潜纪录，为何我国的“蛟龙号”打破了7 000米的深度，就成了世界第一呢？原来，我国的“蛟龙号”和“的里雅斯特号”虽然都是载人潜水器，但不是同一个类型。“的里雅斯特号”属于探险型潜水器，就是让人潜到大海深处，看一眼就走人，什么都做不了，只是到此一游罢了。而“蛟龙号”则不然，它属于作业型潜水器，既能深潜到7 000米以下，又能在海底作业，采集标本，完成科学研究。相比之下，我们就会知道，“蛟龙号”采用的技术要比“的里雅斯特号”先进很多。

深海潜水器经过50多年的发展，已经形成了很多种类型，可分为两大类，即载人潜水器和遥控潜水器。载人潜水器可以使人亲临现场进行观察和作业，其精细作业能力和作业范围优于遥控潜水器，但后者的优点是可将人的眼睛和手“延伸”到潜水器的所到之处，实时传输信息，还可以长时间在水下进行定点作业。很多载人潜水器都属于自由自航式潜水器，这是一种不需要其他水面舰艇或潜器的帮助便能够在漆黑的深海里自由航行和运动的潜水器。它们可以在深海里，前进或后退，下潜或上浮，停滞或工作，因此不难想象其技术难度和复杂程度。“蛟龙号”就属于自由自航式深海潜水器。

20世纪60年代初期，法国也研制了一款深海潜水器，取名“阿基米德号”。同“的里雅斯特号”一样，“阿基米德号”也不能作业，船员只能通过玻璃窗观察海底，它达到的最大下潜深度是9 750米。然而，无论是“的里雅斯特号”还是“阿基米德号”，它们都属于无航行能力的第一代潜水器，采用的是自带浮力舱的技术，建造和使用都非常不方便，遭到淘汰是必然的结果。

世界各国真正在深海潜水器上面的竞争，集中在第二代自行自航式的潜水器上面。首先是美国人和法国人冲到了最前面。美国在1964年研制成功的“阿尔文号”至今仍在服役，海底探测战果累累。而法国的得意作品是“鹦鹉螺号”潜水器，这个名字取自儒勒·凡尔纳的科幻代表作《海底两万里》中的“鹦鹉螺号”潜水艇。“鹦鹉螺号”下潜海底1 500余次，曾经多次参与过“泰坦

◀ “鹦鹉螺号”潜水器

尼克号”沉船的探测工作。

俄罗斯在研制自由自航式潜水器方面也不甘示弱，是世界上拥有深海载人潜水器数量最多的国家，其代表作就是“和平一号”与“和平二号”，二者都属于6 000米级潜水器。

日本在深海潜水器的研制方面也处于国际先进水平。1981年建成了“深海2000”潜水器，1989年又研制成功下潜深度为6 500米的“深海6500”潜水器。

除此之外，还有闻名遐迩的美国导演詹姆斯·卡梅隆研制的“深海挑战者号”潜水器。2012年3月，卡梅隆独自驾驶“深海挑战者号”潜水器，下潜至马里亚纳海沟10 898米深的海底，逗留了3个小时，刷新了单人深海探险深度的世界纪录。当然，这台潜水器属于私人所有，卡梅隆此次深潜也并非是为了科考。

而无人潜水器中的佼佼者当属日本的“海沟号”。该潜水器于1990年完成设计并开始制造，经过6年的努力终于研制成功，其自动化程度高，功能强大，可以对深海海底进行拍照、考察，机械手还可以采集海底样品。1995年3月，“海沟号”潜水深度达到10 910米，创造了无人潜水器的最深潜水世界纪录。

“蛟龙号”上的“金刚钻”

我国的“蛟龙号”从立项研制到试验航行，共花了15年时间，也是一段很漫长的岁月，足可以证明科学的成功之路并非一日之功，也不可能一蹴而就。“蛟龙号”属于自由自航式深海潜水器，采用了很多先进技术，并且原创技术占比很高，在一定程度上摆脱了国外的技术限制。俗话说“没有金刚钻，就别揽瓷器活”，“蛟龙号”如今经过了长达五年的苛刻考验，即将投入科考研究，你能想象它都有哪些“金刚钻”吗？

不妨想象一下，如果我们是“蛟龙号”的操作者，首先应该关注的是什么？对了，是安全。其次要能够顺利操纵机器。光有这两项还不行，我们还要时刻与母船保持通信联系，还要保证下潜过程中潜水器的电力足够用。这些功能是让潜水员和科学家们安全顺利到达海底，完成科学考察工作，并顺利返回母船的重要保障。按照上述要求总结起来，“蛟龙号”的“金刚钻”主要有以下四项：

首先，“蛟龙号”要有超结实的船体。海洋深处与太空相反，下潜越深，压力越大，一般每下潜10米就相当于增加了一个大气压，当下潜到7 000米深的时候，就是700个大气压，相当于每平方米的船体压上了7 000吨的重量。要是船体材料不可靠，非得压扁不可。“蛟龙号”使用了全新的钛合金材料，能抗超高压，既轻便，又结实，并且船体由两个半圆球焊接而成，焊接工艺极高。

船体结实是最基本的条件和保障。另一个重要的“金刚钻”就是“蛟龙号”的大脑中枢神经系统——控制系统。靠着这套安全可靠的控制系统，潜水员才能操纵这台机器完成下沉、上浮、采样和躲避危险等动作。而“蛟龙号”的控制系统中，最为人称道的是贴近海底的稳定的自动航行技术和精确的悬停定位技术，属于国际领先，可有效降低潜水员的驾驶强度，便于其集中精力开展作业，为完成下潜任务提供保障。

控制系统主要包括航行控制系统、综合显控系统和水面监控系统。其中，航行控制系统主要完成潜水器传感器信息采集、导航定位、执行机构控制以及信息传递等功能，一方面将收集到的各种信息发送给综合显控系统进行显示和保存，另一方面还能将一些关键信息发送给声学系统。综合显控系统主要实现了潜水器和母船的位置坐标，以及目标点位置坐标等的一系列显示功能。可提供完整的数据记录与数据分析功能，为操作员提供全程操作指导与数据监视。水面监控系统可以监视母船与潜水器的位置，为指挥员实时提供所需信息，从而对母船姿态与潜水器位置进行正确判断，进而指挥进行相应的操作。

在海底的“蛟龙号”是不可能通过地面的无线电来进行通信的，也没有网络可供传输图像和音频数据，因为电磁波进入水中之后会很快衰减，根本无法用于水下通信。那么，科学家是如何解决这个难题的呢？答案是采用声波，因为声波在水中可以传递得很远。

基于声波传递信息的原理，科学家们研制成功水声通信机，这就是“蛟龙号”的第三个“金刚钻”。如果说控制系统是“蛟龙号”的大脑与神经，那么水声通信机所属的声学系统就相当于它的嘴巴、耳朵和眼睛。水声通信机有4种功能，一是高速水声通信，传输速率高，用于传输图像；二是中速水声通信，传输速率一般，用于传输文字、指令和数据；第三种属于远程低速通信，传输速率比较低，用于传输指令；四是水声语音通信，采用模拟信号传输语音。“蛟龙号”的水声通信机具有丰富的功能和良好的综合性能，在国际上处于领先地位。

“蛟龙号”的第四个“金刚钻”就是它强大的电池功能。载人潜水器不从水面获得能源，且载人潜水器上的电池担负着为各种机电设备提供动力源及仪器仪表电源的任务，同时还要满足水下苛刻的自然条件及作业要求。因此，电池的容量和放电能力等对潜水器的航行作业时间起着关键性的作用。“蛟龙号”使用的是一种银锌蓄电池，是我国完全自主研发的大容量蓄电池，能够为“蛟龙号”提供几十个小时源源不断的动力，充分保证其水下作业时间。

在中华世纪坛举办的“2017北京国际设计周”上，“蛟龙号”载人深海潜水器荣获“经典设计奖”。“蛟龙号”是中国人的骄傲！

“蓝鲸2号”：向大海深处要能源

在科技日新月异的今天，虽然世界各国都在大力发展新能源技术，但新能源依旧是杯水车薪，远不能满足人们的需求。所以传统的石油和天然气等能源在今后相当长一段时间内，仍将是全球最主要的基础性能源，且在短时间内的消费量不会下降。于是，在陆地储存的能源日益减少的情况下，世界各国纷纷将目光投向了海洋。

海洋是一座宝库，蕴藏的能源可谓取之不尽、用之不竭，比如丰富的石油与天然气资源就十分令人心动。根据公开的统计资料显示，全球富含油气的盆地面积总计7 746万平方千米，其中位于海底区域的约2 639万平方千米，占比约34%。海洋石油储量高达1 000亿吨，天然气储量高达140万亿立方米。深海中还有一种含量极高的“可燃冰”，也叫“固体瓦斯”，是由天然气与水在高压低温条件下形成的类冰状的结晶物质。据统计，迄今为止，在世界各地的海洋及大陆地层中，已探明的可燃冰储量超过16.7万亿吨油当量，相当于全球煤、石油、天然气等传统化石能源探明储量的两倍以上，够人类使用1 000年。

燃烧着的“可燃冰” ▶

就拿石油而言，2015年的数据显示，全球可开发的石油资源约2.7万亿桶，其中有45%位于海上，而又有1/4的石油储藏在超过500米深的海洋之中。深海油气开采已成为油气勘探开发的重要趋势，越来越受世界各国的重视。

海上能源丰富，但是因为长期以来开采技术的落后，能到手的能源非常有限，关键原因就是在风急浪高的海洋里面开采石油难度很大。虽然在浅海区域（水深小于500米的区域）开采石油的技术已经相对成熟，但水深超过3 000米的95%的广阔海域，还是一块待开垦的处女地。世界上的发达国家纷纷在深海石油、天然气开采领域投入重金，研发各种型号的深水钻井平台，用于向“龙宫”寻宝。谁能掌握深海水域的石油开采主动权，谁就能获取更多的资源，进而获得更好的发展机会。所以，针对这个技术领域，全球上演着看不见硝烟的战争。

我国南海蕴藏着丰富的油气资源，初步预测资源量高达230亿～300亿吨，将成为我国油气供给的重要战略接替区。之前由于我国没有深水钻井平台，在南海深水区没钻过一口井，只能眼睁睁看着南海周边国家每年从我国南海掠夺开采石油近5 000万吨。

向超过3 000米的深海索取石油宝藏并不容易，必须研发安全、高效的“探海神针”，用专业术语表述就是“超深水半潜式海上钻井平台”技术。如今只有极少数国家能够掌握这一技术，属于国家战略高度的尖端技术。我国在这方面虽然起步较晚，但向来是不甘落后的，经过科学家们的努力，先后研制成功“海洋石油981”“蓝鲸1号”和“蓝鲸2号”等超深水半潜式钻井平台系列产品，为我们向大海深处要宝藏打造了得心应手的工具。

“龙宫”寻宝，各显神通

“龙宫”深处有宝贝，想要拿到却并不容易。要想在千米以下深海中开采石油，就必须研制出配套的设备，即一整套的钻井机械，也就是用于装载钻井以及抽提油气所需的人工和机械装置，包括钻井平台和生产平台两部分。其中钻井平台上装有钻井、动力、通信、导航等设备，以及安全救生和人员生活设施，可以在海底钻出油井；而生产平台负责将石油抽取提升加以处理。二者相辅相成，缺一不可。

海上钻井平台技术的发展经历了几十个岁月，按照先后顺序，先是研制了固定式钻井平台，后来又推出了移动式钻井平台。前者的优点是稳定性较好，但是存在工作区域水浅、灵活性差、性价比不高等缺点。为了解决这些缺陷，移动式钻井平台应运而生，方兴未艾。

追根溯源，世界上首次在海上开采石油的尝试，是在1897年的加利福尼亚州的西海岸，石油公司利用木质栈桥在海上打出了第一口海上油井，开启了海上探宝的历程。之后，石油公司又在北美路易斯安那州以及南美委内瑞拉的湖泊中搭建木质栈桥，钻井采油。在那个时期，水上钻井平台是通过木质栈桥与地上相连的。1946年，美国科麦奇石油公司在墨西哥湾20米深的水域建造了世界上第一台离岸钢制钻井平台，也就是说，这个钻井平台不再与岸边通过栈桥相连，而是独立在海中作业。这被认为是海上石油工业的正式开端。

上面介绍的早期钻井平台都有一个特点，那就是全部采用固定式结构，不能自由迁移，限制了其功能的发挥，所以世界各国很快便投入到了移动式钻井平台的研制之中。最早的产品是1932年在美国路易斯安那州投入使用的钻井平台，可通过驳船（一般为非机动船，本身无自航能力，需其他船拖带）的沉浮完成打井和位置的迁移。后来，在此基础上，于1949年又出现了升级版的钻井平台，通过注水与排水实现平台的下沉与上浮，从而进行作业。这种钻井平台对海底的地基要求高，适应水深的能力差，但是它具备在浅海和滩涂等地作业的能力，所以至今还在小范围使用。

移动式钻井平台第三代产品克服了上一代钻井平台不能适应水深变化的缺点，将固定的支撑立柱改为自由伸缩的“桩腿”，可以根据作业水深的不同，调整其长度，以适应作业环境。1956年，美国一家技术公司设计的钻井平台“天蝎号”，被认为是第一座现代意义上的该类型钻井平台。这类平台虽然能够根据海水深度的变化而自由调整和迁移，但还是有一个很明显的缺点，那就是因为桩腿长度受限，大部分平台的作业水深限制在120米以内，只能适用于浅海区。如果采用加长桩腿的办法增加其作业深度，钻井平台的稳定性将受到影响，甚至会有倾覆的危险。

为了解决这种钻井平台不能在深水区作业的缺点，深水半潜式钻井平台这种更加高端的海上采油技术便横空出世了。我国近期研发成功的37层楼高的“蓝鲸2号”，就属于该技术的系列产品之一，全称为“超深水双钻塔半潜式钻井平台”。

深海石油作业到底有多难

海上采油需要很高端的技术，就是为了应对极端恶劣的海洋天气，以保证采油作业的万无一失。都说大海发起疯来十分可怕，那么就让我们盘点一下在深海区开采石油和天然气需要面对哪些困难吧。

直面的第一个困难是气候条件。深水作业面临着风、浪、流等自然气候的挑战，一旦应对失措就会造成惨重的生命财产损失。比如在1979年的“渤海2号”和2011年俄罗斯的“克拉号”钻井平台，就因为在拖航过程中遭遇风暴而沉没。

直面的第二个困难是水深。水越深，钻井需要用的管子就越长，则平台的重量就越重。而且水越深，水压对输油管的破坏力也越大，钻井就越容易发生事故。

直面的第三个困难是水温。海水的温度随深度的增加而降低，1 000米水深处的温度为4 ℃ ~ 5 ℃，3 000米水深处的温度为1 ℃ ~ 2 ℃。低温会给采油带来很多麻烦，比如石油在管子中的流速会变慢、抽出来的泥浆会变稠，甚至在管子中凝固成块等，这些情况都会对采油作业产生很大影响。

直面的第四个困难是浅层地质灾害。在深水区钻探，常会遭遇深度较浅的天然气水合物（即可燃冰）。一旦钻到，这些因为低温高压环境而形成的固体天然气水合物就会分解，从而从地层中释放出来。地层由于承载力减弱，在海水的压力下会崩塌，对钻井设备造成巨大的破坏。

直面的最后一个困难就是作业安全。海上作业，各种不可预计的意外很多，而一旦发生火灾、爆炸等事故，损失非常之大。如果采油过程中造成原油泄漏，还会造成环境危害。

但是，即使有这么多困难，也挡不住人们探求海洋宝藏的脚步。

超深水半潜式钻井平台的“黑科技”

1962年，世界上第一台半潜式钻井平台在美国加州问世，由美国壳牌石油公司负责研制。在此后的50多年里，半潜式钻井平台不断更新换代，其工作水深也从100米的浅水作业区逐步向3 000米的深水区迈进，如今的最大作业水深已经超过了3 000米。

▲ 半潜式钻井平台模型

一般而言，海洋深水钻井是指在水深500米以上的深水海域进行作业。在1 500米以上水深作业则称为超深水钻井。深水半潜式钻井平台以其性能优良、抗风浪能力强、甲板面积和装载量大、适应水深范围大等优点成为国内外研究的热点之一，也将是今后数十年海上石油勘探钻井最具发展前途的设备。

我国在研制超深水钻井平台方面走在了世界的前面。首先是2014年投入使用的超深水半潜式钻井平台——“海洋石油981”，这是我国首座自主设计并建造的第六代3 000米深水半潜式钻井平台，代表了当今世界海洋石油钻井平台技术的先进水平，荣获2014年度国家科学技术进步奖特等奖。“海洋石油981”长114米、宽89米、高117米，最大钻井深度可达10 000米，最大作业水深3 000米。

其次是2017年2月13日交付使用的“蓝鲸1号”和2017年7月29日开始试航的“蓝鲸2号”，都是我国自主研制的、全球最先进的超深水双钻塔半潜式钻井平台。二者参数一样，平台长117米、宽92.7米、高118米，最大作业水深3 658米，最大钻井深度达15 240米。

超深水半潜式钻井平台采用了7大“黑科技”，包括总体设计技术、系统集成技术、平台定位技术、总体性能分析技术、结构强度与疲劳寿命分析技术、平台建造技术和深水模拟试验技术等。总体设计主要是解决平台的各项性能指标、主要功能和总费用问题，其中的平台设计是核心关键之一。另外，钻井平台是由很多子系统构成的，包括钻井系统、公用电力和电站系统、动力定位系统、压载系统和安全防护系统等，需要通过系统集成技术将其整合，使其协调运转，更加精确、高效地发挥作用。

在这7大“黑科技”中，钻井平台的定位技术无疑是重中之重，为什么呢？因为在波涛汹涌的深海水域，要想保持平台位置精确而稳定，是很困难的一件事。只有保持平台位置精确，钻机才能准确到达储油层；只有保持平台位置稳定，才会让平台在台风肆虐的大海之上巍然屹立。

如今，深水半潜式钻井平台采用的是“动力定位技术”，即在钻井平台上安装动力定位系统，不需要通过抛锚方式来稳定平台，而是用计算机的自动控制来保持浮动平台位置的稳定。具体而言，就是使用精密、先进的仪器来测定平台因风、浪、流等作用而发生的位移和方向变化，再通过计算机对信息进行实时处理、计算，并对若干个不同方向的推进器的状态进行自动控制，使平台保持在原有位置。通俗地说，就是钻井平台会自己调整位置，不用担心自动漂移和挪动位置，因为有动力系统管着它呢。目前，世界上最先进的动力定位技术就是德国西门子公司研发的DP3动力定位系统。

大国重器“蓝鲸2号”

我国近期研制成功的超深水半潜式钻井平台“蓝鲸2号”于2017年8月22日圆满完成了试航任务。这是全球最先进的超深水双钻塔半潜式钻井平台，配备高效的液压双钻塔和全球领先的DP3动力定位系统，入级挪威船级社（一家全球领先的专业风险管理服务机构，为客户提供全面的风险管理和各类评估认证服务，包括船级服务）。

“蓝鲸2号”钻井平台最大作业水深为3 658米，最大钻井深度为15 240米，是目前全球作业水深、钻井深度最深的半潜式钻井平台，可以在全球95%的深海中开展采油作业。

海上钻井平台被称为“流动的国土”，体现着一个国家的整体工业实力和发展方向，也是国家高端制造能力的体现。“蓝鲸2号”就是这样一件大国重器，它的研制成功，使我国成为一个具备超深水半潜式钻井平台设计、建造、调试、使用一体化综合能力的国家。

半潜式钻井平台近景 ▶

神奇液态金属的“七十二变”

科幻电影《终结者2》中的液体机器人“T-1000”变化多端，残忍冷酷，能模仿它见过的任何人，令人不寒而栗。这种液态机器人无论在灵活度和智能方面，都比第一代钢铁骨骼的机器人终结者更先进、更不好对付。然而，科幻毕竟是科幻，那种随意变形的机器人要想变成现实并非一朝一夕之功，其间需要克服的技术困难超乎想象。

撇开天马行空的科幻电影不谈，对于不知道何年何月才能出现的液态机器人杀手也不必理会，在现实中，液态金属对于我们而言并不陌生。所谓“液态金属”，指的是一种不定型金属，是一种有黏性的流体，具有不稳定性，可做成各种铸件。在常温常压下能够保持液态的金属就是汞，它不溶于酸也不溶于碱，化学性质稳定，在室温条件下很容易蒸发，有毒，会造成环境污染。

另外，熔点很低的金属比如镓、铷、铯，只要添加合适的其他金属，就会在常温下变成液态，比如镓铟合金就是在常温常压下的液态金属，也是实验室里常用的材料。人工合成的液态金属具有熔点低、热导率和电导率高、无毒无害、性质稳定、粘性可调、流动性可调等特征。作为主导未来高科技竞争的超级材料之一，液态金属用途非常广泛，在消费电子、航空航天、生物医学、精密机械等领域都有重要的应用前景。

液态金属有很多非常奇妙的特性，不断被科学家们发现，比如在室温状态下，液态金属具有在不同形态和运动模式之间转换的变形能力：浸没于水中的液态金属，可在低电压作用下呈现出大尺度变形，一块很大的金属液膜可以在数秒内收缩为单颗金属液球等。

在液态金属研究领域，我国一直走在世界的前列。从2001年开始，我国科

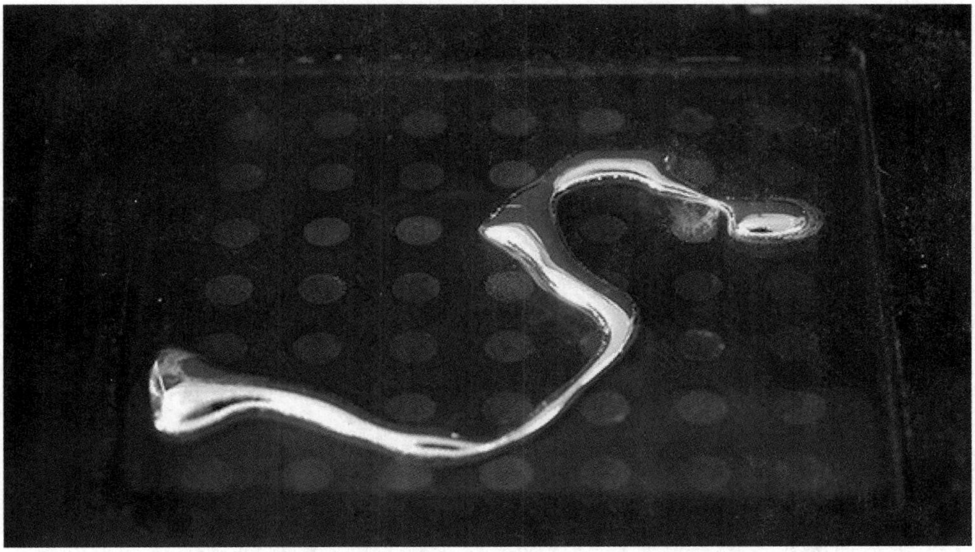

▲ “液态金属”

学家就开始涉足液态金属领域，并取得了令世界瞩目的成就，先后取得科学发现30多项，申请发明专利200多项。

液态金属促进印刷革命

自从15世纪中叶德国发明家约翰内斯·古登堡发明铅字机械印刷术以来，在之后的500多年里，这项技术改变了文明的进程，让图书成本变得低廉，书籍大量流通，知识垄断被打破，文明火种越燃越旺。后来，激光照排印刷替代了铅字印刷，属于第二次印刷革命。现在，除普通的图文印刷技术外，还有一种印刷技术，叫“印刷电子技术”，或者称作“全印制电子技术”，是指利用各种印刷技术制造电子元器件和电路的技术。

传统的印刷技术可分为四类，分别是凸版印刷技术、凹版印刷技术、平版印刷技术和丝网印刷技术，均可用于印刷电子技术。此外，快速、简便、灵活的喷墨印刷技术也已被应用于印刷电子技术。从技术应用领域来看，凡是能够用印刷方法取代传统电子学制造方法的领域都可以归入印刷电子技术的范畴。

这种新型的印刷电子技术与传统意义上的印刷技术原理大体相同，不同的是印刷电子技术使用的油墨是具有导电等性质的材料，印刷对象是电子产品。另外，使用传统印刷技术的印刷电子技术中所用的墨水，虽然都贴有一个“导电”的标签，但实际上墨水本身并不具备导电性，需在打印后进行处理，去掉墨水中的添加剂，使导电材料变成连续的薄膜后，才能具备导电性。整个工程不但处理工艺复杂，成本还比较高。相比之下，液态金属墨水的配制相对简单，在打印后无需进行后处理即具备导电性，而且电导率相对较高，是一种较为理想的导电墨水，会为印刷电子技术带来新一轮的革命。

在液态金属印刷电子技术领域，中国科学院理化技术研究所的科学家们走在了世界各国的前面。他们发明并研制的系列液态金属打印机，可进行一维颗粒加工、二维平面打印和三维制造。他们的研发成果被认为有望改变传统电子、集成电路及金属器件制造的规则。这种打印机打破了个人电子制造的技术瓶颈，使得在低成本下快速、随意地制作电子电路成为现实。同时，他们研发的液态金属喷墨打印技术可以在各种材料的表面上制造电路，使得“树叶也可变身电路板”。这项技术的开创性和颠覆性都很强，未来应用不可限量。

▲ 液态金属打印机及其打印的电子产品

液态金属搭建神经通路

前面我们介绍了液态金属有一个非常好的特性——导电性，使得它能够作为墨水来印刷电路。液态金属还有一项很重要的应用，那就是作为神经传导材料，用在医疗之中，帮助病人恢复健康。

科学家已经证明，液态金属可以作为高传导性神经信号通路，能很好地传递刺激信号，可与正常神经组织传导信号的能力相媲美。在这方面，我国的科学家做了很多探索性研究，曾经在世界上首次用液态金属缝合了牛蛙断裂的坐骨神经。采用液态金属在断裂的神经之间成功搭桥，使牛蛙一侧坐骨神经在遭受刺激时所产生的电信号，准确无误地传递到另一侧。这个实验证明液态金属可以传送生物电信号。

液态金属不仅有杰出的导电性能，它的性质也很稳定，不会与体液、周围器官组织发生反应，保证了手术的安全性。另外，液态金属在X射线下显影清晰，在完成神经修复之后很容易通过注射器取出体外，从而避免了二次手术。

在生物医学领域，液态金属还可以用于液态金属外骨骼、可注射金属内骨骼、血管造影等方面，具有十分光明的应用前景。

液态金属计算机

传统的冯・诺依曼架构的计算机已经进入了发展瓶颈期，目前非常先进的14纳米电脑芯片已经开始普及。但是要想再缩小芯片的尺寸，变得非常困难，普通的电脑技术仿佛走进了死胡同，这就迫使科学家们寻找解决办法，而量子计算机就是未来世界各国的发展方向之一。

那么，量子计算机与液态金属有什么关系呢？下面我们就来看一下，液态金属到底还有哪些神奇的性质，能够让量子计算机变得更加完美。

我国科学家在研究中发现，当温度不同、氧化程度不同以及环境磁场强度不同的时候，液态金属的导电性差异会非常大。因此，就像通过对晶体管电压的控制来构建运算基础一样，科学家可以通过改变外界的环境对液态金属的状态进行控制，并以它在不同状态下的导电差异作为可控的逻辑计算单元。

比如，借助温度调控装置，改变液态金属所处的环境温度，使其在固、液两种状态之间切换。因为液态金属在固态和液态两种形态下的电阻不同，我们就可以把它理解为“0”和“1”的状态。比如把固态状态定为“1”，液态状态则为“0”，以此为基础，就能构建基于液态金属的记忆与逻辑单元，甚至计算系统。

传统计算机以顺序执行指令的方式运行，液态金属构建的计算机由于能通过多种方式同时进行编程，一次可同时执行多个指令，具有高度并行性的特点，因此运算速度上可能更快。而且液态金属还具有更好的散热性能，发热量更小，还兼具流体可任意变形的特征，能够制作柔性的半导体单元。

另外，量子计算机再厉害，其电脑器件也是金属制造的，性能也会受到固体金属材料的限制。而液体金属由于具备可变形性，表面容易达到原子级别的完美光滑度。同时全液态量子器件的中间液层的厚度，可以通过力场、电场、磁场来调控，液膜间隙可达到极小尺度，甚至完全消失，满足量子计算机的要求。

液态金属的一些神奇特性

2016年9月，我国科学家首次揭示了液态金属有节律性的自发振荡效应和跳跃现象，并研发出了自驱动的磁性液态金属机器。研究人员还结合三维打印技术，制造出了一种以可变形液态金属“车轮”驱动的微型车辆。在电场作用下，液态金属“车轮”可发生旋转变形，继而驱动车辆行进、加速乃至实现更多复杂运动。实验证实，这种车辆，拥有类似四驱车的结构和原理，可在携带0.4克的物体，以25毫米/秒的速度运动。

2016年11月，我国科学家首次实现了在开放液体环境中对液态金属自由塑形，可灵活自如地将处于电解液环境中的液态金属塑造成各种图案，如条形、三角形、方形、环形等。还首次验证了电控液态金属的蠕动爬坡能力。此外，液态金属还可在不同形态、尺寸间转换，通电之后具有神奇的变形现象。

关于液态金属的一个更有趣的性质，就是它可以变成张着大口吃饭的“软体动物”，在没有外部电源供电的情况下，通过吃掉金属铝，实现自我运动。这种神奇现象背后的科学原理是液态金属将铝腐蚀之后，与铝发生化学反应，从而产生内生电场，推动金属珠前进。另外，电化学反应产生的氢气，形成了微小的气泡，还可成为金属珠移动的辅助动力。

液态金属的吞食过程，不是我们常见的化学反应。因为当两种物质发生化学反应时，通常会生成其他的物质，导致原来的物质消失。但被置于电解液中的液态金属，只需要一点点铝箔，就可以跑动很长时间，而且自身基本不会发生什么变化。也就是说，“食”铝的液态金属更像进餐后的动物，可以进行不同的动作，但不会引起自身的改变，这种特性为研制实用化智能马达、血管机器人、流体泵送系统、柔性执行器以及更为复杂的液态金属机器人奠定了基础。

可变形的液态金属机器

大家还记得《变形金刚》中的威震天与擎天柱吗？它们的变形能力让我们叹为观止。当然了，变形金刚是幻想中的物种，属于“赛博星球”上的金属智慧生命，不是人工机器人。

2017年，英国萨塞克斯大学和斯旺西大学的科学家们取得了新突破，通过给液态金属通电，就能让它们的形状发生改变。这种现象意味着，利用人工编程，就可以随意控制液态金属的形态。

科学家们总结说，可变性的液态金属具备三大特性，一是金属表面的张力可以通过电压来控制，二是有高导电性，三是可以自由地在液态与固态之间转换。这些特性在未来机器人的研发与应用中能够发挥巨大作用。

而未来人工智能的发展方向之一，就是研发可变形的机器人。比如液态金属可用来制作传感器，可随意变形。这些传感器可以作为可穿戴设备，戴在我们的胳膊上；或者作为辅助假肢，帮助我们获得更加强劲的力量和速度，实现与生物机体运动的高度契合；甚至还可以将这种具有“生命”特性的液态金属组装出具有特殊造型和编程能力的可变形仿生生物或可变形人形机器人。

液态金属所蕴含的神奇特性，势必将改变我们的生活，就让我们拭目以待吧！

纳米材料掀起绿色印刷革命

在印刷术出现之前，我国古代的典籍一般是刻在竹简上保存的，后来发展为用毛笔写在布帛之上保存。敦煌莫高窟就发现了大量唐代的手抄经文，可以设想，在古代没有印刷术的条件下，成百上千的人趴在桌子上用毛笔写经文的情景，虽然场面壮观，但是效率却是非常低下。

到了五代以后，雕版印刷术的兴起，才让物美价廉的书本广为流传，为知识的传播奠定了技术基础。虽然我们如今将北宋毕昇发明的泥活字印刷术作为古代四大发明之一，但实际上，泥活字易碎、易开裂，使得这种印刷术只存在于历史书中，并没有大规模普及。现代文明的迅速发展要归功于一个人，那就是15世纪德国的发明家约翰内斯·古登堡，他发明的铅活字版机械印刷机具有划时代的意义，改变了文明的进程。

弹指间，500多年过去了，由于传统的铅活字印刷术不但效率低下，还会造成严重污染，工作环境恶劣，印出来的书籍也谈不上精美，铅活字印刷术最终被更加先进的印刷术所取代，而这仅仅是30多年前的事情。20世纪80年代末期，激光照排技术和计算机直接制版技术替代了铅活字印刷技术，掀起了一场印刷技术革命。然而，新技术同样存在很大缺陷。激光照排印刷技术采用感光冲洗制版，在印刷过程中会产生大量的感光废水和电解废液，同时，使用的溶剂型油墨不但有毒，还具有挥发性，还易燃易爆，既污染环境，又危害健康。此外，传统的印刷电路板行业也对环境产生巨大污染，生产废液中含大量重金属离子。

那么如何才能解决这些难题、给印刷术再带来一次彻底的革命呢？中国科学院化学研究所的科学家们给出了答案，他们发明的纳米材料绿色制版技术，将印刷业推向了另一场革命。

传统印刷术会造成哪些污染

传统的激光照排技术和计算机直接制版技术都是基于复杂的感光图像的原理，造成光敏材料的严重浪费以及环境污染，这些污染表现在方方面面，不一而足。传统印刷产生的第一大污染源就是印刷油墨，可以用五毒俱全来形容。

就拿溶剂型油墨来说，它由颜料、连结料、溶剂、填充剂及辅助剂组成，具有一定流动性的浆状胶粘体包含多种毒物。油墨中的第一种毒物就是芳香烃类、脂类、酮类等有毒性的有机挥发溶剂。全球每年挥发性有机化合物（VOC）污染排放量已达几十万吨，导致的温室效应甚至比二氧化碳更为严重，这些挥发物在光照下会形成氧化物和光化学烟雾，严重污染大气环境，危害人类健康。

油墨中包含的第二种毒物是甲苯、二甲苯，属于国家二类致癌物质。长期接触，会损伤人的神经系统和呼吸系统。当印刷食品、药品等的包装袋（盒）时，这些毒物如果挥发不彻底，还会向包装内迁移，使食品、药品等受到污染，甚至变质。

油墨中包含的第三种毒物是无机污染物，包括铅、铬、镉、汞等重金属。铅元素会阻碍人体血细胞的形成。当人体内的铅元素积累到一定程度后会出现一系列中毒现象，延缓体格发育，甚至引发人体细胞癌变。

此外，在印刷工艺流程中产生的废水和有毒气体，也对人体和环境有极大的危害性。例如，传统的胶版印刷通常采用的铝版基，是通过电解和阳极氧化工艺制备得到的，这一过程不仅会产生大量的电解废液，同时还会造成巨大的电能消耗。据统计，2013年我国胶印版材总产量达3.46亿平方米，造成了大量的能源消耗，并排放出大量的废酸、废碱、废渣和废水，对环境造成严重危害。

总而言之，传统的激光照排技术和计算机直接制版技术，已经远远不能满足当前的环保需求，发展零污染、低成本的绿色印刷才是大势所趋，也是保障人们身体健康的重要技术革新手段。

纳米绿色印刷技术的发展

有“当代毕昇”之称的中国科学院院士王选在1979年开发成功的激光照排印刷技术，将沿用了500多年的铅活字印刷术判了死刑，引发了我国印刷业“告别铅与火、迈入光与电”的技术革命，让黑白印刷成为历史，迎来了彩色印刷的时代。

20世纪80年代，国外独立发展出了计算机直接制版技术（CTP），并在90年代进入了普及化阶段，设备生产厂商基本上被美国、日本、德国等发达国家所垄断。在很长时间里，激光照排技术和计算机直接制版技术一直是印刷业的两条巨龙，几乎分享了全部市场。

但是，这两种技术存在前面我们所说的诸多缺点，最主要的就是导致严重的环境污染。随着人们环保意识的逐渐提高，国家对污染企业的重点整治，甚至关闭，印刷业遭到了沉重的打击。要想在企业转型的生死关头走出正确的一步，就要依托先进的绿色印刷技术，对整个产业进行升级换代。在绿色印刷技术中，基于纳米材料的新型绿色印刷技术的出现，为整个行业开辟了一条光明大道。

每一项技术的进步很多时候都是由一位有心人发现问题，从而加以解决的，纳米绿色印刷技术就是其中一个鲜活的例子。这项技术起源于中国科学院化学研究所，负责开发这项技术的科学家在调查传统印刷技术弊端的过程中，产生了通过研发全新的技术，让污染大户改头换面的想法。我们知道，传统的印刷术包括三个很大的污染环节，一是曝光冲洗制版，二是电化学氧化制备铝版基，三是使用有害溶剂生产油墨。这三个环节对环境的危害，如今已经一清二楚。那么，采用何种方法才能改变这一切呢？必须要跳出传统的印刷工艺流程，通过纳米涂层版基取代电解氧化版基，通过纳米喷墨打印制版取代感光制版，通过水性印刷油墨取代毒害溶剂油墨。

科研人员通过对纳米材料与印刷技术的创新研究，摈弃了传统印刷制版感光成像的技术思路，通过调控纳米材料实现了纳米版材非图文区亲水、图文区亲油的成像特性，发展出无需曝光冲洗的纳米材料绿色制版技术。这种技术的进步，就相当于“数码照相机”替代了“胶卷照相机”，环保与否，一目了然。在此基础上，科学家们对绿色版基、绿色制版、绿色油墨等三个方面进行全面的升级换代，从源头上解决了印刷产业的污染问题，进而开创了整个全新的绿色印刷体系。

纳米绿色印刷技术的关键点，就是突破传统激光照排技术存在的“感光成像”“化学显影”“曝光蚀刻”等技术局限，将纳米技术与印刷技术相结合，解决了减少制版、版基和油墨污染的三大难题，从而从源头上切断了印刷过程中废水、废液的产生，解决了高耗能问题，同时满足了印刷品的精度、牢度和色彩等方面的要求。

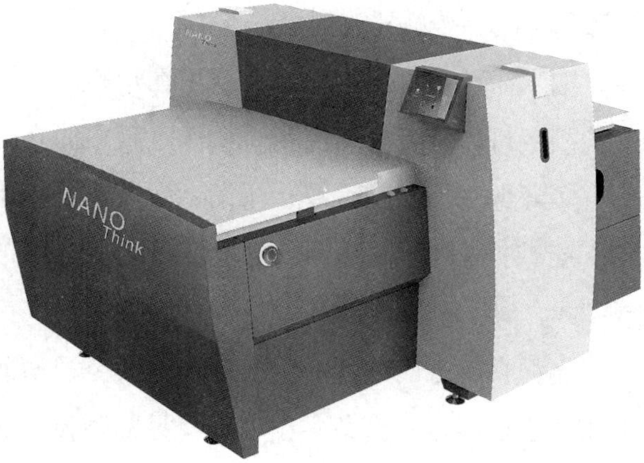

绿色制版设备 ▶

纳米绿色印刷技术有多神奇

纳米绿色印刷是将纳米材料与打印技术相结合，不再采用传统印刷制版技术的感光成像思路，将研发的纳米材料精确打印在特殊的纳米版材上，形成了亲油的图文区和亲水的非图文区，从而省去了暗室曝光过程，不产生感光废液和废水，没有环境污染，也不会造成资源浪费，成本还较传统激光照排制版便宜1/3 以上。

上面所说的图文区就是印刷区，由亲油墨纳米粒子形成，具有超级亲油性；非图文区，就是非印刷区，由亲水纳米粒子形成，具有超亲水的性质。纳米绿色印刷通过电脑直接制版印刷，其间不需要化学冲洗，是一种全新的、无污染、省成本的纳米数字印刷技术，具有“鼠标一点，轻松制版；成本低廉，告别污染”的特点。

在印刷工艺流程上，纳米绿色印刷比传统的激光照排和计算机直接制版更加简洁、先进。传统印刷方式都需要进行图像、文字的感光制版，电子版要先经过出胶片、出蓝纸样等环节，然后才能进行印刷。纳米材料绿色制版技术省去了中间的感光过程，无须暗室避光操作，电子版提交后直接出蓝纸样，省去了出胶片的环节，提高了效率，减少了图文转印次数，能有效提高图文质量。这项技术发展成熟后，可以用在电子纸、电子服装、物联网、电子装饰、太阳能电池、照明导线、传感器等诸多产业中。

目前，纳米绿色印刷技术已经实现了在塑料、纺织面料和玻璃、陶瓷等多种材料上的图案打印，可以解决传统生产过程中的高污染和高能耗问题。这种技术到底有多环保呢？根据计算，用纳米绿色制版技术印刷一本 160 页左右的彩色书籍，能减排3 000 多升污染废水。因此，这种先进的绿色印刷技术应用前景十分广阔，属于朝阳产业。

在靠感光材料起家的柯达、富士等国际大公司面前，我国纳米绿色印刷技术的研发团队不畏艰难，精益求精，最终另辟蹊径，使我国的这项技术在世界印刷领域处于领先地位。

航空·交通篇

中华人民共和国成立初期，国家经济落后，强敌环伺，必须首先研发战斗机以及原子弹和导弹，才能保家卫国，这也使得民用飞机的研发一再搁浅。直到20世纪70年代，才举全国之力，由众多科研人员共同参与，花了近十年时间，使中国第一代大飞机“运-10”呱呱坠地。这也证明了即使在一穷二白的艰难岁月，我国的科学家也能依靠自己的力量，打赢一场高端技术攻坚战。

从1986年运-10大飞机下马，到2007年国家将研制大飞机列入重大科研专项，这20多年的时间里，我国的大飞机研制几乎处于停滞状态。民航飞机绝大多数购自国外飞机制造商，最著名的当属法国的空中客车公司与美国的波音公司。而我国研制大飞机的技术相对落后，使我们一直受制于人，往往需要花费巨额资金购进飞机，来满足国内航空公司的运输需求。我们购买一架“空客A380”，相当于8亿件衬衫的利润。高新技术行业蕴含的价值，是低端产业所无法比拟的。

研制大飞机，对我国而言是一项巨大的挑战。经过长达十年的联合攻关，2017年5月5日，中国自主研发、完全具备自主知识产权的C919大飞机试飞成功，标志着我国是继美国和法国之后，世界上第三个掌握了大飞机制造技术的国家。从此，我国的大飞机不但能够抢占国内的航空市场，还可以在国际市场上与那些老牌的飞机制造商一决高下。

我国不但在民用航空领域取得了重大突破，打破了行业垄断，取得了骄人的成就，在地面交通领域，我国照样走在了世

界的前列。就拿高速铁路（简称“高铁”）而言，国家花了十年时间，把这种快捷、安全、环保的交通工具构建成了全国性的高铁网络，将绝大多数省会城市通过高铁串联在一起。密如蛛网的线路在城市之间延伸，洁白的动车组来往穿梭、马不停蹄，让“千里江陵一日还”从想象变成了现实。而我国研发制造的具有完全知识产权的“复兴号”动车组，更是民族的骄傲、国家技术进步的象征。高速铁路作为一枚闪亮的外交名片，在全世界“攻城略地”，与日本、法国和德国等高铁大国同台竞技，收获了无数鲜花和掌声，让中国品牌走向了世界。

同样在铁路领域，我国花了九年时间建成了工程极为艰巨的兰渝铁路，并于2017年9月29日开通运营。这条铁路连接甘肃省会兰州和重庆直辖市，沟通了西北和西南两大中心区域，铁路运输距离将由1 466千米缩短至820千米，客车运行时间由22小时缩短至6.5小时，无论是社会效益还是经济效益都十分显著。

而另一项举世瞩目的大工程——港珠澳跨海大桥也预计于2018年7月1日建成通车。这是一条横贯伶仃洋海域的超大型高速公路跨海大桥，连通香港、珠海和澳门，全长55千米，其中海底隧道长约6.7千米，是世界上最长的跨海大桥。这座桥建成以后，由陆路从珠海、澳门去香港，将会从目前的4~5小时缩短至约30分钟。

四个闪耀世界的伟大奇迹，就在本篇与大家见面！

C919大飞机：让中国航空飞起来

伴随着发动机的轰鸣声，一架银白色的飞机在上海浦东机场长长的跑道上加速冲刺之后，腾身而起，直插高空。宽大的机翼在阳光下显得十分耀眼，修长的机身张扬着令人奋进的力量，远去的身影像一只展翅翱翔的大鸟，呼啸着奔向蓝天。这是2017年5月5日，一个注定在航空史上留下浓墨重彩的日子，一个十余年殚精竭虑终获成功的日子，一个中国大飞机闪耀世界的日子。这一天，中国自主研制的C919大型民用客机试飞成功，举世瞩目。

C919大飞机的成功来之不易，在它矫健身影的背后，是一群技术精湛的科学家艰难跋涉十余年，付出了难以想象的艰辛和聪明才智；是一次次的试验，一步步的修正，一点点的累积，换来的百分之百的安全。

回顾历史，我们渴望拥有大飞机的梦想，早在几十年前就开始萌发，中间风雨兼程，岁月蹉跎，有成功也有失败，有欢声也有泪水。翻开历史的档案，我们就会明白，C919并不是我国研制的第一架大飞机，在它的前面，还有“出师未捷身先死”的运-10大飞机，成功实现国内商业航飞的ARJ-21支线客机。这些飞机的研制，积累了经验、培养了人才、沉淀了技术，为我国C919大飞机的研制奠定了基础。

大飞机的研制是一项十分复杂的系统性工程。一架飞机上动辄有数百万个零件，其中一个航空发动机上就有上万个精密零件，将这些数不清的零件组装在一起，还能正常运转，同时还要保证安全，难度之大，可想而知。

大飞机的研制，需要各行各业的专业人才和最顶尖的技术，是现代高新技术的集成创新，涉及复合材料、航电系统、发动机、远程通信等领域，能够带动新材料、现代制造、先进动力、电子信息、自动控制、计算机等技术领域的全面突破，能够拉动众多高新技术产业的发展，技术扩散率高达60%。

大飞机的研制，还可带动流体力学、固体力学、计算数学、热物理、化学、信息科学、环境科学等基础科学的全面发展。同时，大飞机的研制还代表着一个国家的制造业所达到的高度和水平，被称为“国家工业皇冠上的明珠”，是一个国家航空水平的核心标志，也是一个国家工业实力的关键标志。

大飞机家族里的“三剑客”

大飞机，顾名思义，指的就是不同于我们听到的战斗机和见到的几十个座位的小型飞机，它必然是一个庞然大物。大飞机的最大起飞重量超过100吨，包括军用大型运输机和民用大型运输机，也包括一次航程达到3 000千米的军用飞机或100座以上的民用客机。

对于我国的大飞机而言，除了大型民用客机C919，还有另外两个“巨无霸”——大型水陆两栖飞机AG600和大型运输机运-20，它们与C919一起被称为“中国大飞机三剑客”。其中AG600水陆两栖飞机造型奇特，一半是飞机，一半是船。它本领很大，20秒内可以汲水12吨，而只需4秒钟就可以将水全部投放到火点上，实现低空投水灭火，一次灭火面积超过4 000平方米；单次能在海上救50人，速度比救捞船快10倍以上；还能实现陆地和水面起降，承担海上维权执法行动。同时，AG600也是全球最大的大型水陆两栖飞机，被称为“空中巨无霸”，填补了我国大型水陆两栖飞机的空白，是我国应急救援体系建设中急需的重大航空装备。

当距离海岸线超过300海里（1海里=1.852千米）的中远海地区发生海难时，直升机因为自身航程太短，根本无法飞到目的地，而船舶也要航行15个小时以上，远超7~12小时的最佳救援时间。这时，AG600的优势就凸显了出来，它的最大巡航速度可达每小时500千米，最大航程可达4 500千米，可以轻而易举地完成这些救援任务。

另一个“巨无霸”就是代号为“鲲鹏”的运-20大型运输机，这是我国自主研发的新一代大型运输机，可在复杂气象条件下执行各种物资和人员的长距离航空运输任务。自2013年1月26日首飞以来，“鲲鹏”已经在高原、高温、

▲ AG600大型水陆两栖飞机

▲ 运-20大型运输机

高湿等极端环境下成功试飞，不仅填补了我国没有大型运输平台的空白，也标志着中国成为世界上第四个具备大型运输机研制能力的国家。

以上两种大型飞机都承担着特殊的任务，与普通老百姓关系不是太密切，也较少受到关注。而C919民航飞机就不一样了，这是我国首架自主研发的大型客机，只要我们乘坐飞机出行，就有机会坐在上面。因此，它一问世便引起全国上下的广泛关注，也是顺理成章的事情。

C919拥有完全自主知识产权，据统计，我国共有200多家企业，近20万人参与了研制。此外，C919项目还推动国际航空企业与国内企业组建了16家合资企业，带动动力、航电、飞控、电源、燃油和起落架等机载系统产业发展。

C919有多先进呢？请看，机身全长38.9米，双翼展开的宽度是35.8米，整机高11.95米。这架飞机采用后掠下单翼、大展弦比、超临界机翼、正常式尾翼，在两只主翼翅膀上吊装两台大涵道比的涡扇发动机。

上面所说的展弦比，是一个专业性名词。展弦比的大小对飞机飞行性能有明显的影响。展弦比增大时，可以提高飞机的机动性，但会影响飞机的超音速飞行性能，所以像C919这类亚音速飞机一般选用大展弦比机翼。

大客机用的喷气式发动机，都是“大涵道比”涡扇发动机。工作时，叶

▲ 国产C919大飞机

片高速旋转吸气，把空气吹向后方，其中大部分跟燃烧尾气一起推动飞机，小部分吹进燃烧室，两者的比例大于4∶1就是大涵道比。飞机在音速以下飞行时，4∶1以上的比例可使能效达到最高。

与一般的民用飞机作个比较，你会发现，传统的机头是由正面2块、侧面4块共6块挡风玻璃组成，而C919只有4块挡风玻璃。这使得机头更具流线型，从而能减少阻力，也就更省油，驾驶舱的视野也更开阔。

C919的标准航程为4 075千米，增大航程为5 555千米，可满足不同航线的运营需求。作为中国首款按照最新国际适航标准研制的干线民用飞机，C919混合级乘客舱内设置158座，全经济舱设置168座，高密度客舱设置174座，机舱尺寸加大，行李舱位置加高，座位布局采用单通道，两边各三座，中间的座位空间加宽，可以提高坐在中间的乘客的舒适度。

C919设计的经济寿命是25年，可以飞8万个小时，起落架次4.8万次，最大载客重量为18.9吨，一般载客重量为15.01吨，巡航速度为0.78马赫，最大使用速度为0.82马赫，最大飞行高度为12 131米，巡航高度为10 668米，可以飞跃珠穆朗玛峰。（马赫是飞机速度的一种表示方式，1马赫相当于1 225千米/时。那么0.78马赫就是955.5千米/时，0.82马赫就是1 004.5千米/时。）

C919的设计寿命、飞行速度和航程距离都和国外的波音与空客相当，但是价格却低了很多，单价预计为5 000万美元，而波音B737和空客A320则要5 000万~ 8 000万美元，相对而言，C919的市场竞争力更强。

C919大飞机名字的奥秘

给大飞机取名字也是一门学问，就拿C919来说，简单的字母加数字蕴含着很重要的信息。那么，C919这个名字究竟有何奥秘呢？原来，C919的“C”来自中国（CHINA）和中国商用飞机有限责任公司（COMAC）英文的第一个字母，但又不完全是这样，还有另一层意思，因为法国的空中客车公司（Airbus）是以英文字母“A”开头，美国的波音公司（Boeing）则为“B”开头，中国的C919以“C”开头，意思很明显，就是要与空客、波音一起成为世界飞机市场的“新三剑客”，形成三足鼎立的格局。而C919的第一个“9”寓意天长地久，后边的“19”代表的是客机的最大载客量为190座。

C919大飞机有哪些优势

与波音737-800／900及空客A320客机这些同类竞争机型相比，C919具有更安全、更经济、更舒适、更环保等特性。例如，由于机头、机身、翼梢、吊挂等方面的改进，C919比同类竞争机型要减少5%的空气阻力，可以有效降低油耗；C919使用的发动机比之前流行的CFM56发动机燃油消耗减少16%，从而降低了飞行成本；由于使用了高端的铝锂合金和复合材料，C919更加轻盈；机翼和机体上的20多个钛合金部件，使用了中国自主研制的激光粉末冶金技术，使C919机舱内噪音降到60分贝以下，而同类机型则为80分贝；C919的新型空气分配系统让空气更新鲜、均匀，客舱内的空气新鲜度比主流传统大飞机提高了20%，乘客的舒适度得到提升；C919还装备了具有高度模块化和综合化的航电系统，还有性能优越的带包线保护功能的全数字电传飞控系统。

除飞机的性能优势之外，C919还有更大的行业优势，那就是带动我国整个制造行业的进步，而且市场前景一片光明。未来20年，中国市场大约需要5 000架50座以上的飞机，价值约数万亿元人民币。如果将来C919能够成功打入国际市场，其市场前景更是不可估量。

从运-10到ARJ-21再到C919

我国大飞机的研发起步较早，仅仅比法国空客飞机晚了三年时间。然而特殊的年代，使我们中断了大飞机的研发，航空工业沉寂了20多年，使得美国的波音公司和法国的空中客车公司成了名副其实的飞机制造垄断商。如果回顾这段历史，就会明白我们如今拥有的C919真的是圆了几代人的梦想。

提及大飞机的研制，运-10是绕不过去的一个坎儿。它的研制是从1970年8月启动的，所以又称为“708工程”。它是由中央直接指挥协调，各部委、军队及全国21个省市的262个单位共同参与研制的，先后有几十万人为它贡献了青春和汗水。1978年飞机完成设计，1980年9月26日首飞。此后运-10又经过了多次科研试飞，足迹遍及全国大部分省市，甚至还挑战过高原禁区。

运-10客舱按经济舱178座，混合舱124座布置，最大起飞重量为110吨，已经达到了“大飞机”的标准。当时的航空航天工业部评价其为“填补了我国民用航空工业的空白”。

然而运-10并没有大规模生产，就悄无声息地下马了，最主要的原因是，当时我国处于改革开放初期，无论国内还是国际，市场都还没有打开，即便量产了运-10，也卖不出去。还有一个很重要的原因，也决定了运-10最终下马的命运，那就是当时我国的工业制造水平还很低，根本无法承担运-10量产的任务，从零部件制造，到整机组装，都很难保证飞机的质量和安全。在这种情况下，造飞机不如买飞机和租飞机。此后20多年，我国放弃了大飞机的研制，先后花巨资购买空客和波音的飞机，使得我国与法国、美国在大飞机制造方面的技术差距越来越大。

运-10的黯然下马，对中国航空工业的打击是极为沉重的，蹉跎多年之后，大飞机的研制才再次提上日程。当然，在真正研制C919之前，我国航空工业花了13年时间研制的ARJ-21民用支线客机也获得了成功，为C919的制造积累了经验，培养了人才。

看到这里，也许你会问，支线飞机与干线飞机有何区别呢？原来，民用飞机被业内分为支线飞机和干线飞机，而我国把100座以下的飞机划分为支线飞机，主要在国内城市之间飞行；100座以上的是干线飞机，多用于国与国之间、洲与洲之间的长途飞行。目前，干线飞机市场制造几乎被波音和空客两家公司垄断，支线飞机主要在加拿大和巴西制造。

2002年4月国家批准立项研制ARJ-21支线客机，这是我国首次按照国际民航规章自行研制的具有自主知识产权的中短程新型涡扇支线飞机，配备78～90座，航程2 225～3 700千米。

2008年11月28日，ARJ-21在上海成功首飞，然后进行试飞。2014年4月9日，ARJ-21支线客机赴北美开展自然结冰试飞取得圆满成功，实现了3万千米环球飞行。2014年12月30日，中国民用航空局颁发了ARJ-21新支线客机型号合格证（TC）。从2015年3月16日起，在全国15个机场开展为期半年的航线演示飞行，体验乘客达1 866人次，并于当年11月8日，通过了航空器型别等级测试（T5测试）。2015年11月29日，首架ARJ-21成功交付成都航空公司，并投入运营。

而C919是在2006年2月才被列为国家中长期科技规划的16个重大专项之一。2006年8月17日，国务院成立大型飞机重大专项领导小组，进行专家论证，开启了C919的研发之路。2008年3月，国务院通过了组建方案，批准成立中国商用飞机有限责任公司（简称“中国商飞公司”），负责C919的研制工作。经过近十年的努力，2015年11月2日，C919首架样机在上海浦东基地正式总装下线，标志着C919的研制取得了阶段性成果。2017年5月5日，C919在上海浦东机场圆满完成了首飞任务，接下来将逐步拉开全面试飞的新征程。

C919集成了多少新技术

C919的成功，不但是我国航空工业的成功，也是整个国家在高端制造业中技术水平的体现。

在大型客机C919的研制过程中，科研人员针对先进的气动布局、结构材料和机载系统等方面，攻克了102项关键技术，包括飞机发动机一体化设计、电传操作系统、主动控制技术等。那么，C919身上都有哪些新技术呢？就让我们来盘点一下吧。

首先，C919需要一个强劲有力的心脏——航空发动机。我国研制的C919将采用CFM国际公司研发的LEAP-1C大型客机发动机。LEAP-1C发动机是目前相对先进的飞机发动机，将采用先进的空气动力学设计、独一无二的全集成推进系统、新的环保技术和材料技术等。与现有最好的CFM发动机相比，在油耗和二氧化碳排放上实现两位数的改进，并大幅降低了发动机的噪音。而我国自主研发的大涵道比涡扇发动机尚在试验之中，在不久的将来，将会取代LEAP-1C，实现技术上的腾飞。

其次，C919还需要一个超强大脑——航电系统。航电系统是飞机信息化装备的核心，是信息感知、显示和处理的中心，是指飞机上所有电子系统的总和，主要包括飞行控制系统、飞机管理系统、导航系统、通信系统、显示系统、防撞系统、气象雷达系统等。航电系统就像是飞机的大脑，指挥着这个庞然大物准确无误地飞行。

再者，C919需要一个轻盈的机身。俗话说“一代材料，一代飞机”，充分反映了材料对飞机性能的巨大影响。C919采用了大量的先进复合材料和第三代铝锂合金，分别占机身结构重量的11.5%和7.4%。此外，C919还使用了国产铝合金、钛合金等材料，在保证飞机设计强度的前提下大大减小了结构重量。

此外，C919还充分体现了我国的自主创新能力。从飞机总体方案的制订，到气动外形的确定，再到整架飞机的系统集成，完全都是我国科学家自主完成的。正是他们数十年如一日，顶住压力，不辱使命，才圆了我们几十年的大飞机梦。

港珠澳大桥：彩虹飞跃伶仃洋

“辛苦遭逢起一经，干戈寥落四周星。山河破碎风飘絮，身世浮沉雨打萍。惶恐滩头说惶恐，零丁洋里叹零丁。人生自古谁无死，留取丹心照汗青。”这首慷慨激昂的七律《过零丁洋》，是南宋宰相文天祥的爱国之作，千百年来，被人咏叹不休。诗歌中提到的“零丁洋”就是如今我国南海地区的伶仃洋内海水域。

中国南方有一座美丽的城市，叫珠海。它的南端就是澳门特别行政区。站在珠海港口，向东眺望，便是一片茫茫水域，与之隔海相望的便是香港特别行政区。这片宽约30多千米的内海就是大名鼎鼎的伶仃洋，因为这首《过零丁洋》而广为人知。

伶仃洋虽然水域不宽，却是一块天然的屏障，将香港和珠海、澳门隔离开来，人员与物资交流完全凭借轮船，运输能力受到很大限制，加上此地靠近南海，一旦遭遇恶劣气候，船只往往只能中断航行。因此要想解决香港与珠海、澳门之间的交通问题，修建一座跨海大桥是最有效的解决办法，这就是今天的主角——港珠澳大桥。

1983年，香港合和实业集团主席胡应湘首次提出建造港珠澳大桥的设想，但由于缺乏必要的架桥技术，大桥一直处于纸上谈兵阶段。随着近年来国内架桥技术的突飞猛进，港珠澳大桥终于从设想变成了现实。2009年12月15日，港珠澳大桥开始破土动工，经过八年的建设，大桥的关键性工程——海底隧道已经完工，标志着这项举世瞩目的世纪工程已经接近了尾声。

认识一下港珠澳大桥

港珠澳大桥是一座跨海大桥，总耗资1 000多亿元人民币，横跨珠江口伶仃洋海域，连接香港、珠海及澳门。大桥主体工程包括跨海桥梁和隧道，以及香港、珠海和澳门三地口岸的人工岛和连接线，全长约55千米。位于海中的工程采用大桥和隧道相结合的方案，其中主体大桥全长约22.9千米，海底隧道长约6.7千米。这座大桥建成后将成为世界最长的跨海大桥，设计使用寿命为120年。预计通车后，跨越伶仃洋只需要半个小时，相比之下，乘船则需要一个小时。

▲ 港珠澳大桥效果图

那么，这座桥有何过人之处呢？它的修建难度到底有多大？为何在过去20多年里都被认为是不可能实现的工程？

原来，港珠澳大桥之所以让世界惊叹，并不仅仅是因为其长度长，也不仅仅是因为其投资大，而是因为这座桥是在经常刮台风的浪高水急的大海上修建的。我们不妨想象一下在惊涛大浪的海洋里修建大桥的画面，其难度可想而知。

海上修建桥梁还和水深密切相关，一旦进入水深几十米的海域，桥梁将不再可行，此时就要修建海底隧道。港珠澳大桥隧道穿过的海域，也是伶仃洋的深水区，最深处超过了45米。因此修建海底隧道，才是港珠澳大桥最关键的技术性工程。看到这里有人会问，在大海里如何将桥梁与隧道衔接呢？有办法，那就是在海峡的两端各修建一座人工岛，将桥梁和隧道在岛上衔接，这样问题就迎刃而解了。所以，港珠澳大桥的主要工程就是跨海桥梁、海底隧道、人工岛，还有连接线。

港珠澳大桥无论从工程规模、技术难度和投资大小都创造了新纪录，是中国交通建设史上规模最大、技术最复杂、标准最高的工程。下面就让我们近距走近港珠澳大桥，与这个伟大工程做一个深入、细致的交流吧。

跨海桥梁采用的新技术

港珠澳大桥的主体按照桥下是否满足通航要求，又分为可通航的孔桥和位于深水区以及浅水区的非通航的孔桥。可通航的孔桥一共三座，分别是青州航道桥、江海直达船航道桥和九洲航道桥，这三座大桥均为斜拉桥，是整个工程中的亮点。三座桥的桥塔采用不同的造型，有“中国结”，有“海豚”，还有“帆船”，蕴含着“扬帆顺行”的美好祝愿。

其中江海直达船航道桥是一座三塔斜拉桥，斜拉索远看就像一面竖琴，桥塔采用海豚造型；而青州航道桥斜拉索采用扇形布置，桥塔是中国结造型；九洲航道桥为双塔斜拉桥，斜拉索也采用竖琴样式，桥塔为“帆”形钢塔。这三座通航大桥的造型设计秉持了“珠联璧合”的总体景观设计理念，既蕴含着环境保护思想，也从中国传统文化中汲取了很多灵感，形状各异，美不胜收。

▲ 晚霞中的港珠澳大桥

由于港珠澳大桥的跨海桥梁采用的是钢结构，这就对其提出了很高的技术要求，既要满足抗震性和耐久性，又要具备施工便利性，在通车运营之后还要保证钢结构后期维护工作量小，建设难度可见一斑。

港珠澳大桥跨越的海域，交通异常繁忙，每天通行的船舶超过4 000艘，这就为大桥的通航提出了更高的要求，大桥的净高和桥跨除了要满足轮船通行之外，还要保证全桥的阻水率不能大于10%。这也就意味着桥梁巨大的承台（桥墩建在承台之上）必须全部埋在海床面以下，以保证必要的桥下净宽。最终，工程技术人员采用“埋床法”全预制墩身和承台方案解决了这个难题。

用沉管法修建海底隧道

港珠澳大桥的海底隧道采用沉管法施工，就是将多节提前预制好的空心管道，安设在水底开挖的槽道之上，做好防水处理之后，再回填覆盖，就形成了一条人工隧道。这种方法一般适合在浅水区或风平浪静的江河湖海修建隧道时使用。

那么沉管法怎么施工呢？简单而言就是先修建一座低于地面的池状物“干坞”，用来预制钢筋混凝土沉管，再将单节沉管用钢绞线连接成一个沉管单元；沉管衔接处采用端封门临时封闭，以免进水；待沉管沉放完毕后，拆除端封门，干坞蓄水；再通过水的浮力用牵引船将沉管拖运到预定地点沉落安放。

由于沉管最终需要永久安放在水底，所以对密封性和防水要求很高，一旦漏水，后果将非常严重。所以做好防水是保证工程质量的首要大事。沉管的防水主要包括管段本身的防水和管道接头处的防水两部分，管身防水通过涂防水涂料来解决，管道接头处的防水则需要通过安装止水带来达到目的。

港珠澳大桥的海底隧道由33节大沉管组成，每节大沉管又由8个长22.5米的小沉管拼接而成，算下来一个大沉管节全长为180米，竖起来有60层楼高。单节大沉管重约8万吨，横截面高11.4米，宽37.95米，大小相当于一个网球场。沉管采用高强度、耐腐蚀的混凝土浇筑而成，可抵抗海水的腐蚀。

传统的沉管法适用于浅水区隧道的施工，但是港珠澳大桥经过的水域，沉管的埋深最大超过了45米。并且伶仃洋上气候条件恶劣，传统的沉管技术不再适用，必须在原有的技术上做出大胆创新，才能满足现场施工的实际需求。

国际上通用的沉管法技术修建的隧道分为刚性结构隧道和柔性结构隧道两种。所谓刚性结构隧道指的是，整个隧道用一个或者为数不多的整体大管节拼接而成。而柔性结构隧道，则是将很多个管节拼接起来，串成一长串。采用刚性结构隧道，整体接缝少，不用担心漏水，但是缺点也很明显，一旦出现局部地面沉降，就可能造成沉管错位和透水等事故。而柔性结构隧道的特点是受力比较均匀，能够应对一定范围的不均匀沉降。

然而无论是刚性结构隧道还是柔性结构隧道，都不适用于几十米深的水域。而港珠澳大桥采用的创新的“半刚性结构隧道”方案，将柔性结构隧道和刚性结构隧道的优点融合在一起，保留了一部分预应力，让沉管在海底既能够适应一定的变形，同时又可控。

智慧结晶的人工岛

跨海大桥在海中与隧道衔接，需要通过人工岛实现。所谓人工岛，就是通过填海筑岛形成的一块稳定陆域，进而让海上桥梁与海底隧道顺畅衔接。港珠澳大桥设置了东、西两座人工岛，东岛向东毗邻香港国际机场，集交通、观光于一体；西岛位于珠海侧，以桥梁的养护服务为主，与东岛相视守护，两岛相距约6千米。

要想在大海中生生造出一座岛屿来，这需要极为高超的施工技艺和相配套的施工机械。那么，港珠澳大桥的建设者们是怎样完成这项工程的呢?

原来，他们采取了一种快速成岛综合施工技术，通俗地讲，就是将大直径圆筒钢一根一根插入海底形成人工岛体外轮廓，然后往里边吹填砂土，最后形成人工岛。

在人工岛的主体结构中，作为外围的圆筒钢非常关键。据统计，港珠澳大桥的西人工岛使用了61根圆筒钢，东人工岛使用了59根圆筒钢，这些钢柱单个重约500吨，创下多项世界纪录。另外，虽然圆筒钢围成一圈人工岛的外围结

▲ 建设中的港珠澳大桥人工岛

构，但圆筒钢之间并不是紧挨在一起的，它们中间还通过一种叫“弧形钢板”的结构互相衔接，从而起到阻水和止水的作用。

港珠澳大桥是世界建筑史上的奇迹，将是一座雄立伶仃洋120年的地标性建筑。这座大桥的建成，既彰显了我国综合国力的提升和工程技术的进步，更向世人宣告了中华民族敢与天斗的拼搏精神和永不言输的昂扬斗志。

高铁：中国外交金名片

每当我们将要远行，总是要先决定乘坐什么样的交通工具，是汽车，还是火车？是飞机，还是轮船？如果我们的出行距离在100公里（1公里=1千米）以内，选择汽车无疑是最合适的，如果我们要到数百或者上千公里之外的另一座城市，乘坐动车是最节省时间的交通方式。如果我们的出行距离超过了1 000公里，就要在动车和飞机之间做出选择。此时，乘坐飞机更快捷。至于乘坐轮船，那是特殊情况下的旅行方式，或者是为了游览山水，或者是无奈之选，比如从大连到烟台，首选渡轮，除非你想绕行几百公里。

在我们国家的高速铁路（简称“高铁”）网络没有建成之前，人们乘坐火车的体验是很糟糕的，不但速度慢，乘车环境还不理想。并且在那个年代，汽车承担了绝大多数的旅客运输任务，火车只占了很少的份额。但是如今，一切都变了。从2008年我国开通第一条高速铁路“京津城际高速铁路”以来，经过十年的建设，我国建成并开通了超过2万公里的高速铁路，占全世界高铁线路总长的1/3还多。绝大多数的省会城市被高铁连接在一起，形成了四通八达的交通网络，人们出行越来越方便，出行的舒适度和幸福指数也越来越高。动车成了我们离不开的交通工具，也成了我们国家的骄傲。就拿2018年的春运来说，全国旅客运送量约29.7亿人次，其中铁路运送量约3.8亿人次，比2017年增长了约0.2亿人次。

我国的高铁动车经过“引进—消化—吸收—再创新”之后，终于形成了拥有自主知识产权的品牌——中国标准动车组“复兴号”，替代了奔波十年之久的“和谐号”动车组，承载着中华民族伟大复兴的愿景，一路呼啸而去。如今，我们的高铁技术也走出了国门，作为一张闪亮的外交名片展示在世界各国面前，先后走进土耳其、印度尼西亚和泰国，让这些国家的人们也体验到了“陆地飞行”的感觉。

什么样的铁路才是高速铁路

铁路分为很多种，有普速铁路，也有重载铁路，更有大名鼎鼎的高速铁路。高速铁路对其允许通过的列车速度有着较高的要求。全世界第一个开通高铁的国家是日本，对高铁拥有最早的定义权。

日本于1964年率先开通了东海道新干线；1970年，日本规定若一条铁路允许的列车运行速度在200千米/时以上，就可以称为高速铁路。

1981年，法国高铁开通，日本一枝独秀的局面被打破。四年后，联合国欧洲经济委员会给高铁制定了新的标准，只要客运专线上的火车速度达到300千米/时，客货混跑铁路上的火车速度达到250千米/时，就可以称之为高铁。所谓“客运专线”是指客运列车专用线路，这是为区别于普通客货混跑的铁路而起的名字。

随着拥有高铁的国家不断增加，国际铁路联盟（UIC）给高速铁路下了新的定义：当火车速度在客运专线上达到250千米/时以上，在改造的既有线路上达到200千米/时以上，就是高速铁路。现在我们区分一条铁路是不是高速铁路，就是根据UIC的这个标准来判断的。

铁路为何要“分家”

一般而言，普速铁路上跑普通的火车，高速铁路上跑动车组，但是也不绝对。跑在普速铁路上的火车，运行速度一般在160千米/时及以下，也就是我们很多人记忆中的“绿皮车”或者“红白蓝”火车，当然了，还有货运列车。当普速铁路的桥梁、路基、隧道和线路轨道被加固升级之后，就可以跑高速动车组了，运行速度可以达到250千米/时。

在普通铁路上运行的动车跑不快，而普速火车又不允许上高铁线路运行，因为普速火车和高速动车采用的列车控制和运输组织方式完全不同，二者不能兼容。要想它们各得其所，必须做到“分线运营”，即普通列车专门在普通铁路上运行，动车专门在高铁线路上运行。

再者，二者的速度差别太大，若共线运行，慢车要不断给快车让路，会影响普速火车的正常运行，造成晚点。

另外，动车运行速度快时，对铁路的要求很高，必须给它建造专门的线路。普通铁路是有砟的轨道，通常由一节一节焊接起来的的钢轨、一根一根枕木和无数小碎石道床铺成；而高速铁路一般采用无砟轨道，没有小碎石道床和枕木，钢轨直接铺在混凝土轨道板上。以前我们乘坐普通列车时，“咯噔、咯噔”的声响总是一路陪伴，后来普速铁路的钢轨逐步焊接成了无缝线路，“咯噔、咯噔”声消失了。而乘坐高铁，你是不会听到这样的声音的。

高速铁路和普通铁路还有许多区别，比如动车速度飞快，高速铁路的弯道半径必须很大；高铁采用的信号设备、控制运行手段、远程监控技术都与普通铁路大相径庭，使得二者不能兼容。种种情况的限制，使得“分家”成为它们最好的选择。

如何才能保证高铁动车的绝对安全

高铁动车时速可达350千米，与大型客机的起飞速度相当。它跑得这么快，有人担心过它的安全吗？它会不会脱轨？会不会跟别的动车相撞呢？专家告诉你，这些担心完全是多余的。

用于保证高铁动车安全运行的技术已非常成熟，可以总结为三大措施，分别是：列车自动控制系统、列车调度集中指挥系统和高铁安全防灾监控系统。列车自动控制系统能够替代司机进行自动驾驶，它是这样操作的：地面安装设备提供实时数据，告诉自动控制系统在同一条线路前方运行的动车与本辆动车之间的间距，以及前面那辆动车的运行状态。系统接收到数据后，就模拟生成动车运行所允许的速度曲线，并实时与动车真正的速度进行比较，一旦判断超速，系统就会及时调整速度。若是需要紧急刹车，动车上灵活高效的复合制动系统能快速刹车，维护行车安全。这样一来，就不用担心前后列车相撞啦。

列车调度集中指挥系统则将铁路沿线的重要设施集中显示在调度大厅的屏

幕上，调度员可随时观察动车的运行状态，统一操控，远程指挥，发现问题可即时处理。

高铁安全防灾监控系统指的是高铁沿线安装的一些设备，能够提前对暴风、骤雨、地震和地质灾害进行预警，全方位为高铁运输提供安全服务。比如高铁动车一旦遇上大风、大雨、大雪或大雾，都会降速运行，就是为了保证乘客的安全。

中国高铁翻了身

德国在1991年成功开通城际快手（ICE）后，世界高铁技术领域呈日本、法国、德国三足鼎立之势。直到2008年8月1日，我国开通了首条时速350千米的京津城际高速铁路，将这个“高铁三角”打破。经过十年的发展，如今的中国高铁足以傲视全球，与法国、德国、日本平分秋色。

我国高铁动车组的研发采取了“引进—消化—吸收—再创新”的战略，通过引进第一代动车组，研发第二代动车组，创新第三代动车组，短时间内完成了技术的飞跃，终于在世界高铁技术领域站稳了脚跟。我国自行研制的列车自动控制系统（CTCS），其包含的列车测速、列车定位和“地—车”信息传输三大关键技术达到了国际先进水平。

中国高铁打了一个扬眉吐气的翻身仗，并逐步取得了话语权。要知道国际铁路联盟（UIC）定义的高铁速度尚未达到300千米/时，而我国的高铁运营速度已经轻松打破350千米/时，最高载客运行的试验速度高达486.1千米/时，创造了世界纪录。若要再给高铁下定义、定标准，那么绝对绕不开中国。

“和谐号”动车组家族

在中国高铁动车组中，耳熟能详的“和谐号”（CRH），是按照“引进先进技术，联合设计生产，打造中国品牌”的要求，通过“引进—消化—吸收—再创新”，最终研制出的具有世界先进水平的国产化高铁动车组。

我国引进第一代国外成熟的动车组产品是在2004年，分别是CRH1、CRH2、CRH3和CRH5，是为2007年第六次铁路大提速准备的备用车。

▲ “和谐号”动车组

▲ “和谐号”动车组内部

其中，中国四方机车车辆股份有限公司与加拿大庞巴迪公司合资组建的青岛四方庞巴迪铁路运输设备有限公司生产的CRH1型动车组，运营速度为200千米/时，最高速度为250千米/时。CRH1型动车组一共分A、B、C三种型号，其中CRH1A是8辆编组的座车动车组，CRH1B是16辆编组的座车动车组，而CRH1C是16辆编组的卧铺动车组。

另外，中国四方机车车辆股份有限公司与日本川崎重工合作，引进日本的E2-1000型原型车，生产制造出CRH2型动车组，运营速度达200千米/时，最高速度达250千米/时，同样也分为A、B、C三种型号，其中CRH2A是8辆编组的座车动车组，CRH2B是16辆编组的座车动车组，而CRH2C是16辆编组的卧铺动车组。

CRH3型动车组是由唐山轨道客车有限责任公司与德国西门子公司联合引进的ICE3型原型车改造的，运营速度达330千米/时，最高速度达380千米/时。CRH3型动车组分为C、D两种型号，其中CRH3C是8辆编组的座车动车组，CRH3D是16辆编组的座车动车组。

CRH5型动车组是由长春轨道客车股份有限公司联合法国阿尔斯通公司引进“潘德尼诺”摆式动车组原型车改造的，只有一个型号CRH5A，运营速度达200千米/时，最高速度达250千米/时。

研发第二代动车组的代表车型有两个，一个是CRH2C，另一个是CRH3。CRH2C是在CRH2A的基础上演化而来的，而CRH3是引进德国技术的动车组。其中CRH2C型动车组，又称“CRH2-300”，时速达300千米。该车原型是日本E2-1000新干线动车，在CRH2A基础上进行自主改进，以适应时速250千米、300千米和350千米级别的高铁客运专线。值得一提的是，CRH2C是中国首款时速达到300千米的高速动车组。我国第二代动车的研发始于2006年，2010年9月动车在沪杭高铁（上海至杭州）上跑出了416.6千米/时的速度。

创新第三代动车组的代表车型是CRH380型系列，包括四个型号，分别是CRH380A、CRH380B、CRH380C、CRH380D。第三代动车组从2007年立项，2008年开始研发，花了两年多时间便研制成功CRH380A。京沪高铁（北京至上海）上最开始运行的就是这个系列的动车组，如今已经改成了“复兴号”。

CRH380系列动车组中的CRH380A和CRH380B是按照时速400千米设计的，持续运营速度可以达到380千米/时，而CRH380C、CRH380D是按照时速420千米计的，持续运营速度也是380千米/时。

中国标准动车组“复兴号”

2015年6月30日，是中国铁路史上值得载入史册的日子，因为就在这一天，我国自主研制的中国标准动车组正式下线，标志着在高速动车研发领域，我们有了足以和法国、日本、德国等一决高下的资本。在高速动车组254项重要标准中，中国标准了占84%。中国标准动车组终于可以摆脱“和谐号”动车组混血的身份，以纯正的中国制造的血统，向全世界宣告：我们也能独立自主地研制高铁动车了！

▲ “复兴号”动车组

中国标准动车组的研制要追溯到2012年，在中国铁路总公司的主导下，集合国内有关企业、高校科研单位等优势力量，开始了中国标准动车组的研制工作。2013年12月完成总体技术条件制定，2014年9月完成方案设计，2015年6

月动车组整体下线。

喜欢思考的朋友也许会问，为何这款新车叫“标准动车组”呢？说起来，这还真是一段很纠结的往事呢。原来，我们国家最早引进法国、日本和德国的动车组的先进制造技术，目的是先借鉴别人的，然后再自己琢磨。大家想想看，三个国家的动车肯定千差万别，从车辆外形到内部构造，都不可能一样，这就造成了我们根据这些原型车再造的第二代和第三代动车组，标准也不会统一。这就带来很多麻烦，司机要学会开各种型号的动车，维修基地要准备多套不同型号的零件，要建造好几座不同的维修工作台，无形中增加了很多成本，造成了很多不便。那么，如果将动车的所有标准都统一起来，那造出来的动车不就一样了？无论开车还是修车，就简单了很多，还会省下一大笔钱，于是就有了“标准动车组”的叫法。

2017年6月25日，中国标准动车组终于有了自己的名字——“复兴号”。6月26日，“复兴号”在京沪高铁两端的北京南站和上海虹桥站双向首发，分别担当G123次和G124次高速列车的运行任务。自此，“和谐号”动车组将要逐步退出历史舞台，我们引以为傲的“复兴号”动车组出现在了世人的面前。

“复兴号”标准动车组有CR400AF和CR400BF两种型号。按照中国铁路总公司新的动车组编制规则，新型自主化动车组均采用“CR”开头。“CR”是中国铁路总公司的英文缩写，也是指覆盖不同速度等级的中国标准动车组系列化产品平台。型号中的“400”为速度等级代码，代表该型动车组试验速度可达时速400千米及以上，持续运行时速为350千米；“A”和“B”为企业标识代码，代表生产厂家；“F”为技术类型代码，代表动力分散电力动车组。其他还有“J”代表动力集中电力动车组，“N”代表动力集中内燃动车组。

“复兴号”动车组在性能上不输国外的同类型动车组，甚至更好。比如，由中车株洲电力机车研究所有限公司自主开发的全球新一代列车控制与信息服务网络系统（TCSN），是目前世界上最先进的高速列车控制及智能化技术，相当于动车的“大脑”。该系统通过提升带宽、亚微秒级时钟同步以及智能调度等技术，构建了车载信息“高速公路”，能够保证列车各类信息顺畅交流。

“复兴号”能适应中国地域广阔、温度横跨－40 ℃～40 ℃、长距离、高强度等运行需求，累计试验运行了60万千米，高于以严格著称的欧洲标准。整车性能指标实现较大提升，设计寿命达到了30年（“和谐号”为20年）。

“复兴号”改造了外形，将之前安装在车顶的空调下沉到车身之中，使列车不仅看起来更美，列车阻力也降低了7.5%~12.3%，列车在时速350千米下运行，人均百公里能耗下降了约17%，而且车内噪声明显下降。列车高度从3 700毫米增加到了4 050毫米，旅客登车后会感到空间更宽敞。还有最重要的一点，“复兴号”上覆盖了WiFi，旅客可以尽情上网。

除此之外，“复兴号”还有一项与旅客休戚相关的功能，也进行了优化升级，那就是设置了智能化感知系统。全车部署了2 500余个监测点，比以往监测点最多的车型还多出约500个，能够对车辆运行状态、轴承温度、冷却系统温度、制动系统状态、客室环境等进行全方位的实时监测，可以采集各种车辆状态信息1 500余项，为全方位、多维度故障诊断、维修提供了支持，保证了出行乘客旅途的安全。

交通强国，铁路先行。“复兴号”动车组不愧是中国交通领域的骄傲！

兰渝铁路："一带一路"连接线

如果我们翻开中国地图，将目光转向陕西、四川和甘肃交界的三角地带，就会发现，宝鸡铁路枢纽有两条铁路呈"丁"字形交叉，东西走向的是1953年通车的陇海铁路（兰州至连云港），南北走向的是1958年通车的宝成铁路（宝鸡至成都）。从成都去往西北兰州或乌鲁木齐，必须沿着宝成铁路北上，到宝鸡再折向西，呈一个大直角。如果从重庆出发，沿着成渝铁路（成都至重庆）去往兰州及更远的地方，就要在广元转宝成铁路北上宝鸡。这就意味着，从四川去往西北，最近的一条路就是要走宝成铁路和陇海铁路，而这两条铁路由于修建年代久远，行车条件较差，火车开不快。在宝成铁路翻越秦岭的时候，铁路的坡度达到了30‰。30‰是什么概念？火车每开行1 000米，就要爬高30米。由于坡度太大，火车通过这段路程，需要三台电力机车一起使劲才行。

2017年12月6日，西安到成都的高速铁路开通，北出四川的铁路又多了一条。然而，要想通过西成高速铁路去往西北，无疑更远、更绕路。那么，为何不修一条铁路，直接将重庆和兰州连通呢？这样一来，无论从重庆还是成都出发去往兰州或乌鲁木齐，都可以走直线，根本不需要北上宝鸡绕弯，既能节省很多时间，又能少走很多路程。实际上，这条铁路已于2017年9月29日全线开通运营，就是我们本节将要介绍的兰渝铁路—— 一条真正难啃的硬骨头，也是一条万民期待的致富之路、脱贫之路、幸福之路。兰渝铁路的建成意味着大西南和大西北成功牵手，也真正实现了把海上丝绸之路和陆地丝绸之路有效地连接在一起，为进一步落实"一带一路"倡议，实现中华民族的伟大复兴打好了基础。

兰渝铁路到底有多重要

兰渝铁路，顾名思义就是从兰州到重庆的铁路，全长886千米，经过甘肃、陕西、四川、重庆这三省一市的22个市、县（区），是客货共线双线电气化I级铁路，设计速度为160千米/时，有条件路段预留200千米/时，将来可以开行动车组。

兰渝铁路由北向南分别穿越黄土高原、秦岭高中山区、四川盆地，沿线地区地质结构极为复杂，桥梁、隧道工程量大，正线桥隧比例为72%；沿线隧道一共242座，其中10千米以上的特长隧道9座，总长度为143千米；特大桥120座，总长度为129.05千米；大跨度特殊结构形式桥梁60多座，最大跨度为228米。

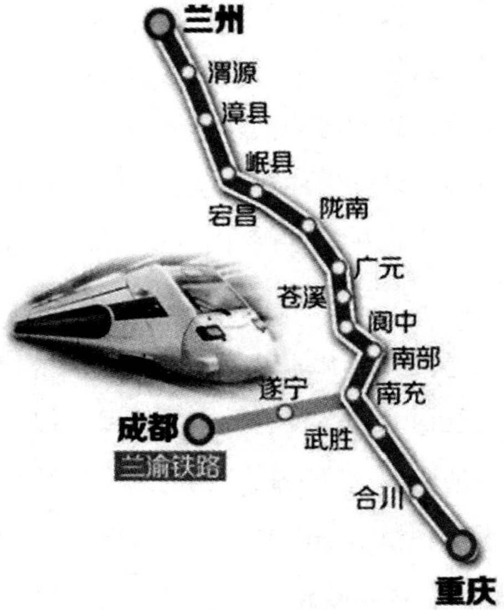

◀ 兰渝铁路路线图

这条铁路于2008年9月开工，2017年9月通车，修建时间长达九年，比号称世界上最难修建的宜万铁路（宜昌至重庆万州区）还长两年。全线通车后，兰州到重庆的运输距离将由1 466千米缩短至820千米，整整缩短了44%；客车运行时间由原来的22小时缩短至6.5小时，节省的时间极为可观。兰渝铁路刚一通车，就引起万民轰动，客车的上座率高达160%，货物的运输成本比公路降低了70%，社会效益和经济效益极为显著。

兰渝铁路全线开通运营后，就与现有的渝黔铁路（重庆至贵州）相连接，形成兰州至重庆至广州的南北铁路大干线，将成为与京广线、京沪线并列的三条南北铁路大动脉之一。而经过重庆到新疆、欧洲的中欧班列将不再绕行陇海铁路、西康铁路（西安至安康）、襄渝铁路（襄樊至重庆），而是通过兰渝线直通兰州，西上丝绸之路，既节省了时间，又降低了运输成本。兰渝铁路开通之后，将大大缓解宝成铁路和陇海铁路的运输压力，三条干线在甘、陕、川交界处形成了一个稳固的“铁三角”，兢兢业业地为沿线的百姓造福。

兰渝铁路的沿线经过的地域极为重要，这里不但是陇南地区的经济带，还有很多风景秀丽的著名景区，比如九寨沟就在距离铁路以西不足100千米的地方，无疑对游客出行提供了极大的便利。另外，我国西北和西南地区蕴藏着丰富的矿产资源，新疆石油储量占全国储量的70%，煤炭储量占全国储量的35%；新疆和青海盐资源占全国的70%以上；甘肃和云南素有“有色金属王国”之称；云南和贵州磷矿储量居世界第一。而且我国西北和西南地区还有着得天独厚的农牧业优势，新疆是我国长绒棉生产基地，格尔木是我国小麦单产最高的地区，甘肃、青海、新疆和宁夏是我国畜牧业生产基地，四川稻米产量居全国之首。此外，兰渝铁路修通后，对于促进我国西南与西北地区的能源产业交流互补也有重要的作用。当然，兰渝铁路还有很大的战略意义，自不必多说。

早在1998年，西南交通大学的一位教授在陇南地区调研的时候，就发现这里有丰富的煤炭资源。然而，由于缺少铁路，煤炭根本运不出去；而利用汽车运输，成本又过高。这对于口袋里没钱的百姓而言，只能“望煤兴叹”。为了解决燃料短缺问题，他们只能砍伐森林。于是，这里的植被破坏严重，水土大量流失，生态环境恶化。因此，无论从哪方面分析，修建兰渝铁路都是非常迫切的。

兰渝铁路千呼万唤始出来

兰渝铁路的地位如此重要，早在20世纪初，孙中山先生在他的《建国方略》中就提及这条铁路是“中国铁路系统中最重要者”。而在我国制定的《中长期铁路网规划》中，兰渝铁路就是一条重要的交通大干线，被国家列为汶川特大地震灾后重建的先导性、支撑性的基础设施项目。

其实，不仅孙中山对兰渝铁路十分重视，沿线的民众更是望眼欲穿，为了修建这条铁路，他们足足奔走呼吁了15年之久。从1994年开始提交兰渝铁路建设申请，一直到2008年开工建设，再到2017年开通运营，先后花了二十三年时间，真可谓步履维艰，好事多磨。

那么，既然这条铁路这么重要，国家为何不及早修建呢？其实不是国家不想修建，而是这条铁路沿线经过的地方，自然和地质条件实在太恶劣了，施工难度极高，再加前期勘探，多番论证等多种因素叠加，最终于2008年上马。但是谁也没想到建成这条大干线会花去九年时间。这是为什么呢？是谁阻挡了兰渝铁路修建的步伐？

你想象不到打通一条隧道有多艰难

修建兰渝铁路遭遇的最大拦路虎就是沿线糟糕的地质条件，并且这种让设计、施工和科研人员头疼的地质条件，在其他地方都没遇见过，甚至还邀请了德国专家一同会诊，但还是一筹莫展，他们不得不承认这是“世界第一难”。

如果大家还对这种恶劣的地质条件没有直观印象的话，那么再举个例子。有一条长达13千米的胡麻岭隧道，其中有长173米的短短一段，其地质条件就是世界第一难的“富水细砂岩”。技术人员为了打败这个拦路虎，前后竟然花了六年多时间，平均每天开挖隧道的长度不到8厘米！也就是说，隧道工程是整条铁路成败的关键，是“卡脖子”工程，隧道打不通，铁路就没法通。

兰渝铁路不仅是我国地质条件最复杂的山区长大干线铁路之一，还是一条施工难度极大、风险极高的铁路。它沿线穿越10条区域性大断裂、87条大断层，被称为“地质博物馆”。10万名筑路大军花了九年时间，不断探索创新，攻克了一系列世界级难题，取得了一大批科技创新成果，这才让兰渝铁路胜利完工。

兰渝铁路的拦路小鬼

既然修建兰渝铁路这么艰难，我们很有必要盘点一下这些可恶的拦路小鬼，看看它们到底有多棘手。它们分别是富水细砂岩、高地应力软岩大变形、高浓度瓦斯、岩溶突泥突水，被称为修建兰渝铁路隧道的四大高风险源，也是人人喊打的“四小鬼”。

第一只小鬼是“富水细砂岩”。这是什么“怪物”？原来，富水就是含水量高的意思，这种细砂岩平均含水量高达20%，围岩呈流塑状，泥沙颗粒比玉米粥还细，修建隧道就像在“豆腐”中打洞。施工过程中，细砂边挖边流，在开挖2小时后隧道洞壁表面开始渗水，4小时后开始软化，6小时后开始流动，10小时后已经成为泥糊，造成开挖及支护无法进行。同时，地层中还存在大大小小的空腔体，里面封存地下水，也会在开挖过程中突然涌出，让人防不胜防。这只小鬼可是难倒了一大批顶尖的地质学家。如何把“豆腐”稳定住，是隧道成败的关键。为了打败它，各路专家齐心协力，绞尽脑汁，想尽办法，花了八年多时间才取得了胜利。

第二只小鬼就是“高地应力软岩大变形”。这是什么意思呢？原来，这种地质条件下的岩石里面蕴含着极大的应力，我们如果不去打扰它们，应力就被困在山体中，不跑出来搞破坏。当我们打隧道的时候，附近岩石一旦被掏空，应力没了束缚，就很容易迸发出来，造成“岩爆”。岩爆是很可怕的隧道施工事故，岩壁被里面的应力冲破，碎石像炮弹一样四处飞射，谁要是挨上一块，轻则受伤，重则丧命。

兰渝铁路木寨岭隧道遭遇的就是这个小鬼，高地应力软岩地段占该隧道长度的84.5%，最大地应力达38.88兆帕，相当于每平方米承受着3 888吨的重量。隧道在2016年7月18日初步贯通后，在强地应力的挤压下，又有1 222米的支护层破损开裂，洞体严重变形，最大开裂段达300多米。变形最严重的地方，洞体两侧分别被挤进来两米，可见应力有多危险。

那么，这种高应力的地质条件是怎么形成的呢？根据地质学家的介绍，兰渝铁路有一段处于青藏高原东北缘特殊的地质构造环境中，在强烈的挤压构造作用下，地质条件十分复杂，地应力极高，国内外都非常罕见。不过，小鬼再难缠，也挡不住技术人员和地质学家的联合攻关，高地应力软岩大变形最终也被征服了。

第三只小鬼是“高浓度瓦斯”，俗称“煤气”，属于易燃易爆的气体。兰渝铁路开凿隧道遇见的瓦斯分为两种，一种是存留在天然地层中的瓦斯，另一种是线路经过地下煤层的时候，遇见的煤炭产生的瓦斯。虽然瓦斯浓度高，但是对付它们的手段已经非常成熟，只要严格按照安全操作规程施工，一般不会出现大的问题。

第四只小鬼就是“岩溶突泥突水”，这些水包括地下暗河的水，还有岩层中储存的水。在隧道施工的时候，经常就会挖开地下暗河以及岩层水，造成隧道突水事故。对付这只小鬼，也有办法，那就是做好地质勘探，查明沿线暗河的位置和走向，以及岩层水的位置和水量的大小，提前采取疏导措施，将暗河和岩层的水引流排出，就可避免突水事故的发生。

兰渝铁路百炼成钢，经过了长达20多年的论证、设计和施工，终于攻克了世界头号地质难题，修成正果。有机会让我们乘坐兰渝铁路客车，来一场说走就走的旅行，去感受那份震撼与自豪吧！